CHIMICA ANALITICA QUANTITATIVA

INTRODUZIONE

La chimica analitica è una scienza che si basa sulla misura, prevede la separazione, l'identificazione e determinazione delle quantità relative dei componenti (analiti) in un campione di sostanza.

L'analisi *qualitativa* rivela l'identità chimica di uno o più componenti presenti nella matrice analizzata, mentre l'analisi *quantitativa* stabilisce la quantità di uno o più componenti all'interno di un campione.

I principali campi di applicazione della chimica analitica quantitativa sono quelli dell'analisi dei medicinali (prodotto finito, materie prime e controllo dei processi di produzione) e le analisi tossicologiche (tossicologia clinica e forense).

Le qualità di un medicinale si basa su tre principali proprietà della sostanza scelta, ovvero l'efficacia (il farmaco o la sostanza agiscono come atteso producendo l'effetto desiderato), la sicurezza (i prodotti vengono ottenuti secondo metodiche costanti, controllate ed esenti da ogni pericolo) e la purezza (prodotti privi di qualsivoglia contaminazione).

Quindi la qualità di un medicinale è accertata attraverso le analisi sia sul farmaco finito e sia sulle materie prime impiegate per la sua preparazione.

Le impurezze possono essere già presenti nel prodotto finito, o generarsi durante la vita del prodotto (shelf life). Inoltre, queste impurezze possono accompagnare o derivare sia dal principio attivo (originate dai processi di sintesi ed estrazione) che da ingredienti inerti come eccipienti e additivi (antiossidanti, antifermentativi, aromatizzanti, edulcoranti, ecc…).

Le *impurezze correlate* sono derivate dai processi di preparazione e generalmente accompagnano l'entità chimica definita come sostanza. Di solito le impurezze correlate vengono rilevate e valutate mediate metodi cromatografici (TLC), il saggio deve accertare che le eventuali impurezze presenti nel campione siano al di sotto di una certa soglia.

Alle impurezze correlate si applicano le soglie di identificazione e qualificazione: per soglia di identificazione si intende il limite oltre il quale l'impurezza deve essere identificata (>0.2%); per soglia di qualificazione si intende, invece, il limite oltre il quale l'impurezza deve essere qualificata (>0.1%), l'impurezza qualificata è quell'impurezza per la quale è stata stabilita una soglia di sicurezza biologica tenendo conto della massima dose giornaliera del farmaco.

Un prodotto si può degradare o decomporre in seguito ad un cambiamento chimico della molecola di un farmaco, per azione della luce, temperatura, cambiamenti di pH, umidità o per reazione con un eccipiente e/o per contatto con il contenitore o il suo coperchio.

I gruppi funzionali più sensibili a degradazione sono gli esteri, ammidi, immidi, carbammati, centri chirali epimirizzabili ecc…; altre condizioni che possono incrementare la sensibilità del principio attivo a degradazione sono gli ambienti acidi/basici 1N ed alte temperature, per questo i principi attivi vengono solubilizzati alla concentrazione di 1 mg/ml in co-solventi dove vengono esposti a queste condizioni anche per una settimana al fine di valutare la loro resistenza alla degradazione. Per testare la resistenza del principio attivo all'ossidazione, le sostanze (in particolare quelle con gruppi sensibili all'ossidazione come gli eteroatomi, aldeidi, alcoli 1° e 2° ecc...) vengono esposte in presenza di ossigeno a pressioni che vanno dalle 3 alle 20 atmosfere. Test simili vengono svolti per testare anche la fotosensibilità delle sostanze, i gruppi più sensibili in questi casi sono i carbonili, anelli nitroaromatici, alcheni e polieni; queste molecole vengono poste in reattori fotochimici ed esposti a radiazioni con lunghezze d'onda comprese tra 320 e 700 nm.

I metodi utilizzati in chimica analitica devono essere necessariamente essere validati, quindi devono essere precisi (ovvero riproducibili in qualsiasi laboratorio nelle stesse condizioni sperimentali), accurati (devono fornire dei risultati esatti), avere dei limiti di rivelabilità soddisfacenti, avere dei limiti di determinabilità quantitativa adeguati (capacità di misurare con precisione e accuratezza concentrazioni minime), devono essere selettivi (ovvero la capacità di misurare l'analita in presenza di possibili impurezze) e la risposta ricavata strumentalmente deve avere una relazione lineare con la concentrazione dell'analita.

La preparazione di sostanze medicinali, ad esempio, deve seguire delle rigorose norme nazionali ed internazionali, i principi attivi da impiegare devono essere conformi a quanto riportato nei codici di purezza che sono rappresentati dalle farmacopee e da altri testi di riconosciuta validità. Un prodotto è definito di qualità quando è conforme a tutte le specifiche descritte nella monografia; tali specifiche costituiscono requisiti obbligatori per l'intero periodo di validità della preparazione.

I risultati di un'analisi quantitativa sono calcolati da due misure: la quantità (massa o volume) del campione da analizzare e la quantità di analita nel campione. La classificazione dei metodi quantitativi si basano sulla proprietà fisica che viene misurata, quindi se viene misurata una massa il metodo analitico sarà la gravimetria o indagine ponderale; nel caso del volume si sfrutterà la volumetria. Se vengono misurati assorbimenti o emissioni di radiazioni il metodo sarà la spettrofotometria (ultravioletta, IR, NMR, ecc...), per il rapporto massa/carica il metodo sarà la spettrometria di massa, in caso di misura del potenziale elettrico si sfrutterà la potenziometria, per la corrente la voltammetria, mentre per la quantità di cariche elettriche la coulombometria.

Tutti i risultati analitici dipendo da una misura finale *m* di una proprietà fisica dell'analita, questa proprietà fisica come già menzionato dovrebbe variare in modo proporzionale alla quantità di analita presente nel campione. Quindi questa relazione può essere espressa dalla seguente formula:

$$Q_A = K\,m$$

Dove K è la costante di proporzionalità tra la concentrazione di analita e la proprietà misurata, nel caso in cui il valore di K sia noto il metodo analitico è detto **assoluto (gravimetria, volumetria),** mentre quando il valore della K non è conosciuto il metodo si dirà relativo (cromatografia, spettrometria, ecc...); la determinazione di K in modo sperimentale con l'utilizzo di campioni standard a concentrazione nota viene detta *calibrazione.*

In chimica analitica quantitativa si distingue tra metodi chimici (gravimetria e volumetria) e chimici/fisici (spettrofotometria, cromatografia, ecc...). Nel caso dei metodi chimici che sfruttano le reazioni chimiche per determinare il quantitativo di analita, le reazioni devono essere quantitative, riproducibili e a stechiometria nota.

Un altro metodo per classificare le analisi chimiche si basa sul quantitativo di campione da analizzare: si avranno quindi delle macroanalisi (quantitativo dell'analita compreso tra 100 e 500 mg), semi-microanalisi (tra 10 e 100 mg) microanalisi (tra 10 e 1 mg) ed ultra-microanalisi (quantitativo al disotto di 1 mg).

FASI DI UNA TIPICA ANALISI QUANTITATIVA

Ogni analisi quantitativa inizia con la ricerca del metodo più adeguato e conveniente per analizzare il quantitativo di analita presente nel campione, dopodiché si procede con il campionamento (fase nella quale si preparano diversi campioni per svolgere l'analisi) che varia in base al metodo analitico utilizzato. Il campione deve nella maggior parte dei casi essere solubilizzato e ci si deve accertare che non siano presenti delle sostanze che possono interferire con il metodo utilizzato. In seguito, si svolge l'analisi e si fanno i calcoli stechiometrici necessari; alla fine dell'analisi i dati dovranno essere analizzati, valutati e si dovrà stimare la loro attendibilità.

Il campionamento è lo step dal quale originano la maggior parte di errori analitici, per questo può essere la fase più ardua di una analisi quantitativa. Innanzi tutto, è necessario accertarsi che il campione che si andrà ad analizzare sia rappresentativo della matrice dal quale è stato estratto, ovvero che un solo campione sia un'ottima rappresentazione del lotto dal quale è stato prelevato (quindi tanto più affidabile sarà il campionamento, tanto più sarà affidabile il risultato ottenuto).

La matrice, ovvero la miscela di componenti nel quale si trova anche l'analita, talvolta presenta delle sostanze che potrebbero interferire con la misurazione dell'analita; in questi casi si deve procedere con la separazione dell'analita dalla matrice o con l'utilizzo di agenti mascheranti.

In questo testo verranno trattate in particolare le fasi finali, ovvero le procedure da seguire nei singoli metodi utilizzati, i calcoli stechiometrici necessari per determinare il quantitativo di analita e la valutazione dei dati ottenuti alla fine dei calcoli. Infatti, non bisogna mai dimenticare l'importanza della stima di incertezza, in quanto ogni metodo utilizzato non sarà mai accurato al 100%.

TERMINOLOGIA & CONCETTI BASE CHIMICA ANALITICA

Nell'ambito della chimica analitica ci sono vari concetti e termini che devono essere chiari e ben specificati, in questo capitolo si affronteranno tutti quei temi che sono legati alla terminologia usata in chimica analitica e le metodologie utilizzate per limitare gli errori.

Precisione & accuratezza:

Per precisione si intende una valutazione dell'accordo fra i risultati ottenuti nello stesso identico modo, mentre con il termine accuratezza ci si riferisce alla vicinanza che il valore misurato ha rispetto al valore vero o accettato come tale.

Errore assoluto & errore relativo:

Con errore assoluto si intende la differenza tra un valore ottenuto sperimentalmente e uno accettato come vero, quello relativo è semplicemente l'errore assoluto diviso il valore vero o accettato come tale (può essere espresso in percentuale o in parte per milione).

Tipi di errori:

L'errore **casuale** o indeterminato è un errore che influenza la precisione di una misura, mentre quelli **sistematici** o determinati hanno un'influenza negativa sull'accuratezza delle misurazioni effettuate.

Gli errori grossolani sono errori responsabili dei così detti outliers, vengono commessi spesso dagli operatori. Gli outliers sono dei dati ottenuti occasionalmente in una serie di misure replicate che differisce in maniera significativa dagli altri risultati (per determinare gli outliers è possibile eseguire dei test statistici come il test Q).

Gli errori sistematici danno origine a dei bias nelle misurazioni, possono essere di tre tipi:

- Errori strumentali, causati dal malfunzionamento degli strumenti di misura o anche da errate calibrazioni strumentali e dall'uso non appropriato delle condizioni di misura
- Errori di metodo, si manifestano in seguito a comportamento chimico/fisico non ideale nei sistemi analitici
- Errori personali, dovuti a disattenzioni, non curanza o limitazioni personali dello sperimentatore

Gli errori strumentali sono in gran parte ridotti da un'adeguata calibrazione. Alcuni strumenti analitici sono suscettibili ad interferenze indotte da linee di alimentazione a corrente alternata che possono influenzare la precisione e l'accuratezza, in molti casi errori di questo tipo sono rilevabili e correggibili.

Tra questi tre tipi di errore sistemici quelli più difficili da identificare e correggere sono quelli di metodo. Per quanto concerne gli errori personali si ricorda che alla loro base è quasi sempre presente un pregiudizio personale (bias), questo può essere la preferenza delle cifre 0 o 5, numeri pari o dispari, cifre piccole o gradi; l'automazione e la computerizzazione eliminano questi errori.

Gli errori sistematici sopra elencati possono essere classificati come *costanti o proporzionali*.

Gli errori costanti sono indipendenti dalla quantità del campione da analizzare, mentre quelli proporzionali aumentano o diminuiscono in base della grandezza del campione. L'errore costante provoca dei discostamenti dal valore reale maggiori quando si misura un campione di quantità ridotta, uno dei metodi utilizzati per limitare l'effetto dell'errore costante sul campione (ad esempio la perdita di 0.5 mg sostanza per lavaggio) è aumentare la quantità del campione fino ad ottenere un errore tollerabile. Invece, una causa comune di errori proporzionali è la presenza di contaminanti nel campione (un esempio può essere la presenza di rame (II) in una soluzione di KI dove è presente anche lo ione Fe (III), entrambi reagiranno con lo ioduro di potassio per ossidarlo a iodio molecolare).

Il bianco:

Il bianco è una soluzione che contiene il solvente e tutti i reagenti che verranno utilizzati nell'analisi. Quando possibile il bianco può contenere anche altri componenti aggiunti per simulare la matrice del campione; per matrice si intende l'insieme di tutti i costituenti del campione eccetto l'analita.

STATISTICA, CALCOLI E TITOLAZIONI IN CHIMICA ANALITICA

In statistica con il termine popolazione si fa riferimento all'insieme di misurazioni di interesse, mentre per campione si intende un sottoinsieme di misure estratte dalla popolazione.

Media del campione e media della popolazione:

La media del campione ($\bar{x}$) è la media aritmetica di un campione limitato preso da una popolazione di dati. La media della popolazione (μ) è invece la media vera relativa alla popolazione, in assenza di errori sistematici il valore della media della popolazione coincide con il valore vero della quantità misurata.

Per deviazione standard della popolazione (σ) si fa riferimento alla precisione di una popolazione di dati, il quadrato di questo valore è un parametro presente all'interno dell'equazione della curva gaussiana dell'errore, e prende il nome di varianza.

$$g(x) = \frac{1}{\sigma\sqrt{2\pi}} e^{-\frac{1}{2}(\frac{x-\mu}{\sigma})^2}$$

La deviazione standard del campione (s) ha due aspetti che la distinguono dalla deviazione standard della popolazione, nell'espressione al numeratore dell'esponente è presente $\bar{x}$ al posto di μ; la seconda differenza è che N (numero oggetti popolazione) è sostituito dai gradi di libertà (N-1). Nel calcolo della deviazione standard per piccoli campioni il mancato uso di N-1 porta ad ottenere dei valori di (s) che sono, in media, inferiori alla vera deviazione standard (σ).

L'errore standard della media è la deviazione standard di un insieme di dati divisa per $\sqrt{N}$, alcune volte è più conveniente diminuire (s) anziché mediare più risultati; la deviazione standard del campione a volte può essere diminuita rendendo più precisa la singola operazione mediante variazioni della procedura e/o uso di strumenti più precisi. Per coefficiente di variazione (CV) si intende la seguente relazione $\frac{s}{\bar{x}}$: 100%

Cifre significative:

Le cifre significative sono tutte le cifre certe più la prima incerta; tutti gli 0 iniziali vanno trascurati, così come tutti gli 0 finali purché non seguano una virgola decimale. Nelle addizioni e nelle sottrazioni il risultato deve essere espresso con lo stesso numero di cifre decimali dell'addendo con il più piccolo numero di cifre significative (esempio: 3,4+0,020+7,31=10,730=10,7). Il risultato di una **moltiplicazione** o di una **divisione** tra dati sperimentali deve essere espresso con un numero di **cifre significative** pari a quelle del dato che ne ha di meno. Quando si effettuano operazioni di questo tipo è necessario quindi contare le **cifre significative** di tutti i dati interessati.

Un numero che termina con la cifra 5 si arrotonda solo in caso la cifra precedente sia dispari, per ottenere sempre un numero pari. Inoltre, è particolarmente importante ricordare di arrotondare solo alla fine di una serie di calcoli, durante i calcoli è preferibile conservare almeno una cifra in più rispetto a quelle significative per evitare un errore di arrotondamento.

Intervallo e livello di fiducia:

L'intervallo di fiducia per una media è l'intervallo di valori entro il quale ci si aspetta di trovare con una probabilità data, la media della popolazione; per livello di fiducia si intende, invece, la probabilità che il valore medio si trovi entro un intervallo dato (spesso viene espresso in percentuale).

Test T:

Viene utilizzato per valutare la significatività della differenza tra media sperimentale e valore accettato, generalmente è utilizzato per campioni piccoli. Il test t, è un test statistico di tipo parametrico con lo scopo di verificare se il valore medio di una distribuzione si discosta significativamente da un certo valore di riferimento. Differisce dal test z per il fatto che la varianza è sconosciuta.

$$t = \frac{\bar{x} - \mu_0}{s / \sqrt{N}}$$

In statistica un'ipotesi nulla viene definita come tale quando due o più quantità osservate sono uguali.

Test Q:

Questo tipo di test statistico viene utilizzato molto frequentemente sia per la sua facilità di esecuzione che per la sua utilità, viene utilizzato per decidere se un valore calcolato debba essere scartato o mantenuto all'interno dei dati registrati. Quindi dalla seguente equazione:

$$Q = \frac{|x_q - x_n|}{w}$$

Dove x_q rappresenta il valore dubbio, x_n il dato più vicino al valore dubbio e w la dispersione dell'intero insieme. Da questo rapporto si ricava un valore di Q che verrà confrontato con una tabella dove sono presenti i valori di Q critici, se questo valore ottenuto di Q supera il Q critico allora il valore dubbio potrà essere scartato con il livello di fiducia riportato sulla tabella stessa.

Si ricorda che il termine analizzare si dovrebbe utilizzare solo quando ci si riferisce ai campioni, mentre i costituenti o le concentrazioni vengono determinate.

Metodi gravimetrici:

I metodi gravimetrici in chimica analitica quantitativa si basano sulle misure della massa con una bilancia analitica (bilance elettroniche). Le bilance analitiche sono strumenti utilizzati per determinare la massa, queste in particolare hanno una capacità massima che va da 1g a pochi Kg, ed hanno una precisione di almeno 1 parte su 100000 alla capacità massima; a loro volta le bilance analitiche possono essere classificate in:

- Macrobilancia, tipo più comune con un carico massimo di 200g ed una precisione di circa 0,1 mg
- Semimicroanalitica, capacità massima di 30g con precisione di 0,01 mg
- Microanalitica, capacità massima fino a 3g e precisione che può raggiungere il microgrammo.

Sospensioni colloidali e cristalline:

Le particelle delle sospensioni colloidali sono invisibili ad occhio nudo, hanno un diametro compreso tra 10^{-7} e 10^{-4} cm, non sono facilmente filtrabili e tendono a rimanere sospese in soluzione senza precipitare (le particelle possono essere evidenziate sfruttando l'effetto Tyndall). La sospensione cristallina tende a depositarsi spontaneamente, sono quindi facilmente filtrabili, anche se il diametro delle particelle di precipitato è dell'ordine del decimo di millimetro.

Equazione di Von Weimar (sovrasaturazione relativa= Sr):

$$Sr = \frac{Q - S}{S}$$

Se si minimizza la sovrasaturazione sarà possibile ottenere un numero inferiore di nuclei, che in seguito all'aggiunta lenta e costante di reagente si accrescono maggiormente portando ad un precipitato più facile da filtrare. I precipitati che hanno solubilità molto basse come molti solfuri ed ossidi idrati, si formano generalmente come colloidi.

Coagulazione dei colloidi:

Le soluzioni colloidali non coagulano spontaneamente poiché sono stabili, la loro coagulazione può essere indotta ed accelerata mediante riscaldamento, agitazione e aggiunta di elettrolita. La carica su di una particella colloidale formatasi in un'analisi gravimetrica è determinata dalla carica dello ione della struttura che è in eccesso quando la precipitazione finita.

La peptizzazione è un processo mediante il quale un colloide coagulato, ritorna al suo stato disperso, mentre la *digestione* è una procedura che viene effettuata in particolare in seguito alla precipitazione di una soluzione colloidale, il precipitato colloidale se lasciato a contatto con la soluzione madre sotto riscaldamento per più di un'ora cede parte dell'acqua che ha incorporato durante la coagulazione, quindi aumenterà la densità del precipitato e di conseguenza sarà più facile separarlo dalla soluzione madre.

La *coprecipitazione* è il fenomeno in cui composti, altrimenti solubili, vengono rimossi dalla soluzione durante la formazione del precipitato, non costituisce coprecipitazione la contaminazione del precipitato da parte di una seconda sostanza il cui prodotto di solubilità sia stato oltrepassato. Esistono quattro tipi diversi di coprecipitazione: adsorbimento di superficie, formazione di cristalli misti, occlusione, ed intrappolamento meccanico.

Riprecipitazione:

Il solido filtrato viene ridisciolto e precipitato; processo utilizzato per minimizzare gli effetti dell'adsorbimento.

La formazione di cristalli misti può avvenire quando uno ione diverso da quello che forma la struttura del cristallo sostituisce ad esso, questo ione deve avere necessariamente una carica uguale allo ione del cristallo e la sua grandezza non deve superare o essere inferiore più del 5% della grandezza dello ione che dovrebbe formare il cristallo puro. L'occlusione avviene quando nel processo di formazione del precipitato una sostanza estranea viene intrappolata in una "sacca" formatasi durante la precipitazione (questo avviene frequentemente quando la sovrasaturazione non viene controllata ed i nuclei si accrescono velocemente). La formazione di cristalli misti può verificarsi sia nella precipitazione di soluzioni colloidali che precipitati cristallini, mentre l'occlusione e l'intrappolamento meccanico sono fenomeni che interessano esclusivamente i precipitati cristallini.

Viene detta *precipitazione omogenea* un processo di precipitazione dove il precipitato si forma in maniera omogenea in tutta la soluzione accrescendosi lentamente per lenta aggiunta di reagente precipitante; i solidi che si formano per precipitazione omogenea sono generalmente più puri e facilmente filtrabili rispetto a quelli formati per aggiunta diretta di reagente (la sovrasaturazione relativa viene mantenuta bassa), l'urea spesso viene utilizzata per generare ioni idrossido in modo omogeneo all'interno di una soluzione. Altri esempi dove vengono usati dei reagenti particolari per generare l'agente precipitante in maniera omogenea sono:

- La precipitazione di zinco, magnesio e calcio con la dissoluzione di etil-ossalato che genera in seguito acido ossalico ed etanolo, l'ossalato precipita gli ioni.
- Utilizzo di dimetilsolfato per precipitare bario, calcio e stronzio; si forma l'anione solfato e metanolo.
- Formazione di dimetilgliossima per precipitare il nichel in seguito ad aggiunta di biacetile e idrossilammina.

Metodi di titolazione

Sono tutti metodi che si basano sulla determinazione della quantità di un reagente a concentrazione nota necessaria per reagire completamente con l'analita. Il reagente può essere una *soluzione standard* di un composto chimico o una corrente elettrica di intensità nota. Nelle titolazioni volumetriche, la quantità misurata è il volume di reagente standard; inoltre, le titolazioni possono essere dirette, indirette e retrotitolazioni.

La *soluzione standard* è un reagente a concentrazione nota, queste sono utilizzate nelle titolazioni e in molti altri tipi di analisi chimica.

La titolazione di ritorno consiste in una seconda titolazione eseguita con una seconda titolazione standard con il fine di determinare l'eccesso della prima titolazione standard utilizzato nella prima titolazione. Le titolazioni di ritorno sono molto utili, in particolare quando la reazione tra il reagente e l'analita da titolare è molto lenta o quando la soluzione standard non è molto stabile.

Si definisce *punto di equivalenza,* il momento in cui durante una titolazione la quantità di reagente standard aggiunto è esattamente equivalente alla quantità di analita da misurare. Il punto finale è, invece, il punto in una titolazione in cui si verifica un cambiamento fisico rilevabile che è associato con la condizione di equivalenza chimica (punto equivalente).

L'*errore di titolazione* E_t nei metodi volumetrici è dato dalla formula $E_t = V_{ep} - V_{eq}$; il primo temine della sottrazione sta per il volume di reagente che è stato aggiunto per raggiungere il punto finale (volume effettivo) mentre V_{eq} sta per volume di reagente standard, calcolato teoricamente, necessario per completare la titolazione (raggiungere il punto di equivalenza).

Standard primario e requisiti

Lo standard primario è un composto ad altissima purezza che serve come materiale di riferimento per un metodo d'analisi, per una titolazione o per un altro tipo di analisi quantitativa. Lo standard primario ha sette requisiti fondamentali per essere definito tale:

1. Elevata purezza (dovrebbero essere disponibili dei metodi riconosciuti per confermare tale purezza)
2. Stabilità atmosferica
3. Assenza di molecole d'acqua che formano idrati, in modo tale che la sostanza sia stabile ed inalterata anche in presenza di variazioni di umidità
4. Costo contenuto
5. Solubilità adeguata nel mezzo di titolazione
6. Massa molare adeguatamente alta, in modo che l'errore relativo originato dall'operazione di pesata dello standard sia minimo e trascurabile
7. Impurezze inferiori allo 0,01-0,02%

A causa della poca disponibilità di standard primari che presentino queste proprietà, spesso vengono utilizzate sostanze meno pure chiamate *standard secondari.* Questi sono composti la quale purezza è stata ben determinata mediante analisi chimica e servono come materiale standard di lavoro per le titolazioni e per molte altre tipologie di analisi.

La *soluzione standard* deve avere quattro caratteristiche fondamentali:

1. Essere stabile così che la sua concentrazione possa essere determinata una sola volta
2. Reagire velocemente con l'analita in modo tale che sia minimizzata la differenza di tempo tra le aggiunte del reagente.
3. Reagire più o meno completamente con l'analita in modo tale da ottenere punti finali soddisfacenti
4. Reagire selettivamente con l'analita in modo tale che la reazione possa essere descritta da un'equazione bilanciata

Per determinare la concentrazione di un analita in una soluzione esistono due metodi di base:

1. Il metodo diretto, dove una quantità accuratamente pesata di standard primario viene solubilizzata in un opportuno solvente e diluita fino ad un volume noto in un matraccio.

2. Per standardizzazione, dove la concentrazione di una soluzione volumetrica viene determinata mediante titolazione con una quantità accuratamente misurata di uno standard primario o secondario, oppure con un volume esattamente conosciuto di un'altra soluzione standard.

Gli errori di titolazioni effettuati con acidi e con basi sono di due tipi:

1. Errori determinati, quando il pH dell'indicatore non corrisponde con il pH al punto di equivalenza
2. Errori indeterminati, questo origina dalla limitazione dell'occhio umano nel percepire il viraggio della colorazione causata dall'indicatore

Variazioni degli intervalli di pH di viraggio dell'indicatore ($pK_a \mp 1$), possono manifestarsi quando avvengono variazioni di temperatura, forza ionica, o in presenza di solventi organici e particelle colloidali; questi parametri possono modificare l'intervallo di viraggio anche di una o più unità di pH.

Nelle titolazioni acido base vanno prese in considerazione le curve di titolazione ipotetiche del pH in funzione del volume di titolante che deve essere aggiunto. Va fatta anche una chiara distinzione tra le curve di titolazione ottenute teoricamente (costruite calcolando i valori di pH) e quelle di titolazione sperimentale (osservate in laboratorio).

Nella costruzione di una curva ipotetica di titolazione vanno presi in considerazione tre tipi di calcoli:

1. Pre-equivalenza
2. Equivalenza
3. Post-equivalenza

In particolar modo quando si effettuano delle titolazioni sfruttando indicatori cromatici la conoscenza delle curve di titolazione è fondamentale per valutare la titolabilità, scegliere l'indicatore più adatto e calcolare l'errore di titolazione.

TITOLAZIONE ACIDO BASE IN AMBIENTE NON ACQUOSO

I solventi non acquosi possono essere utilizzati per esaltare le caratteristiche basiche o acide di composti con costanti basiche/acide troppo vicine a quelle della costante di idrolisi dell'acqua, quindi con $Ka < 1 \times 10^{-8}$ e sono scarsamente solubili in acqua.

La forza di un acido o di una base varia notevolmente in solventi con proprietà diverse. Le proprietà da prendere in considerazione quando si sceglie un solvente non acquoso sono:

- Carattere acido o basico
- Punto di ebollizione
- Auto dissociazione
- Costante dielettrica

I solventi si possono classificare in **APROTICI** (non hanno gruppi ionizzabili ed hanno un valore basso della costante dielettrica, come pentano, cloroformio e benzene) e **ANFIPROTICI** o ANFOTERI che sono sia *acidi* (proto-genici) e *basici* (protofili).

SOLVENTI ANFIPROTICI: Possono comportarsi contemporaneamente sia da acidi deboli che da basi deboli in base alla presenza di acidi/basi. L'idrossido di alluminio è un esempio.

SOLVENTI PROTOGENICI o ACIDI: Cedono protoni con grande facilità ed hanno un valore della costante dielettrica molto elevata. Esempi possono essere molecole come l'acido acetico CH3COOH.

SOLVENTI PROTOFILI o BASICI: Anche questi hanno un alto valore della sostanza dielettrica, hanno grande facilità nell'accettare protoni, reagiscono sia con acidi forti che deboli. NH3 ad esempio.

SOLVENTI OSSIDRILATI: Hanno più o meno la stessa tendenza ad accettare e cedere protoni. Molecole con queste caratteristiche sono l'acqua e gli alcoli a basso peso molecolare come metano ed etano.

Per ricavare la costante di auto protolisi o auto ionizzazione di un solvente anfiprotico vanno moltiplicate le rispettive Ka e Kb per ottenere la risultante Ksolvente, l'entità di questo fenomeno è influenzato dalla temperatura come accade anche per la costante di auto protolisi dell'acqua Ksolvente= $1x10^{-14}$

Quando un acido o una base sono aggiunti ad un solvente si vengono a stabilire degli equilibri tra il soluto e il solvente. Se si tratta di un acido questo rilascerà un protone che verrà accettato dalla molecola di solvente, si viene quindi a stabilire una costante di equilibrio che è influenzata dall'acidità intrinseca dell'acido (HA) e dalla basicità del solvente. Lo stesso discorso vale per una base disciolta in un solvente dove la costante di equilibrio risultante dipenderà dalla basicità intrinseca della sostanza e dall'acidità del solvente.

In genere l'anione della base titolante è lo stesso che si forma dalla molecola di solvente per auto protolisi, ad esempio HA un acido generico può essere titolato in metanolo con una soluzione di metilato sodico. La reazione di titolazione può essere descritta come la reazione di dissociazione acida di HA in metanolo dalla quale è stata sottratta la reazione di auto protolisi del solvente. Si può dedurre che una titolazione completa è favorita da un basso valore di Ksolvente.

Un acido forte titolante può essere preparato in acido acetico, usato come solvente, aggiungendovi HClO4. Si forma così l'acido acetico con un protone in più che può reagire con la base debole. Anche in questo caso alla reazione di dissociazione si deve sottrarre quella dell'autoprotolisi del solvente.

Sia gli acidi che le basi deboli non possono essere convenientemente titolati in ambienti acquosi o in generale con basse costanti di autoprotolisi. La forza di basi deboli è amplificata in solventi acidi e viceversa per quanto riguarda gli acidi deboli.

CRITERI DI SCELTA DEL SOLVENTE

- Proprietà del solvente
- Potere solvente
- Inerzia rispetto ai reagenti
- Costante di autoprotolisi e costante dielettrica

SOLVENTI DIFFERENZIANTI E LIVELLANTI

Dato il fatto che un acido si dissocia solo in presenza di una base che possa accettare il protone, la forza stessa dell'acido ovvero la sua tendenza a cedere il protone, sarà in relazione con la forza basica della sostanza che li accetta. Quindi se si vuole ordinare in scala di forza degli acidi è necessario riferirsi ad una base specifica.

L'acqua non è sempre una buona base cui riferirsi per il confronto dei diversi acidi, questo perché ha un elevato valore della costante di auto protolisi e non ha un carattere prevalentemente acido o basico. **L'acqua è un solvente livellante.**

Il concetto di acido o base forte/debole è strettamente legato al solvente acqua. L'acido perclorico, HCl, acido nitrico e altri sono tutti classificati come acidi forti in acqua. L'acido più forte che possa esistere in acqua è lo ione idronio H_3O^+. In realtà acidi come HCl sono meno forti in solventi meno basici dell'acqua, come ad esempio l'acido acetico anidro, questi sono **solventi differenzianti**. In solventi come l'acido acetico anidro infatti l'acido perclorico è considerato molto più forte rispetto all'acido cloridrico, infatti il cloro dell'HCl tende a sottrare il protone dall'acido acetico in questo tipo di solvente.

Per riassumere acidi di forza diversa in un solvente fortemente basico perdono tutti il protone, quindi non è più evidente la differenza di forza tra gli acidi poiché risultano tutti elettroliti forti; l'effetto risultante è **livellante**.

Gli stessi acidi se posti in acido acetico risultano essere elettroliti deboli, quindi è più facile apprezzare la differenza tra la forza degli acidi grazie all'effetto **differenziante** del solvente.

La scelta del solvente adatto permette di superare le difficoltà nelle titolazioni che non sono efficienti in ambiente acquoso.

Costante dielettrica: La costante dielettrica ci fornisce un'indicazione della capacità del solvente di separare particelle di carica opposta; la forza di attrazione tra due cariche di segno opposto in un solvente è influenzata da questa costante.

Quindi se si prendono in considerazione delle specie neutre che possono andare in contro ad autoprotolisi con la formazione di una carica positiva o negativa, una costante dielettrica elevata renderà minore il lavoro necessario affinché avvenga l'autoprotolisi con separazione di cariche. Infatti, in solventi come il benzene è molto più difficile separare ioni di carica opposta tenuti insieme dalle forze elettrostatiche.

Di contro l'acqua ha una costante dielettrica elevata, in questo solvente ioni di carica opposta hanno una scarsa tendenza ad esistere come coppie ioniche. Liquidi con elevata forza dielettrica sono ottimi solventi per composti ionici.

SOLVENTI NON ACQUOSI ACIDI

L'acido acetico glaciale è un buon solvente per la titolazione di ammine, ammidi, amminoacidi e uree. Ha un elevato coefficiente di espansione termica ($>1\%/°C$), la percentuale di acqua deve essere compresa tra lo 0.1 e 1% concentrazioni maggiori determinano un errore di titolazione proporzionale al contenuto di acqua. L'aggiunta di anidride acetica consuma acqua e produce e produce ulteriore acido acetico. Sempre in acido acetico possono essere titolati con più efficienza i sali sodici e ammonici.

$$Na^+Cl^- + CH_3COOH_2^+ \longrightarrow Na^+ + HCl + CH_3COOH$$

(Si procede poi con titolazione dell'HCl)

SOLVENTI NON ACQUOSI BASICI

L'ammoniaca non può essere adoperata nelle titolazioni a causa del suo basso punto di ebollizione (-78°).

Si utilizza al suo posto l'etilendiammina nelle titolazioni degli acidi carbossilici poco solubili, sali di ammine, sulfamidici, immine, fenoli e acidi deboli usando come titolante l'amminoetilalcolato sodico, che si prepara a partire da etanolammina e sodio metallico.

Altri solventi appartenenti a questa classe possono essere la dimetilformammide e la piridina, i titolanti possono essere il metanolato di sodio, potassio o litio.

SOLVENTI NON ACQUOSI NEUTRI

Metanolo ed etanolo hanno il vantaggio di avere bassi valori di Ksolvente, ma a causa della loro costante dielettrica relativamente bassa, c'è la possibilità di formazione di coppie ioniche indesiderate. In alcuni casi però questa caratteristica del solvente non interferisce con il processo di dissociazione, questo avviene quando non si formano altre specie cariche nella reazione. Ad esempio, per acidi deboli carichi come l'ammonio la dissociazione non implica la formazione di ulteriori cariche, quindi sia a destra che a sinistra della reazione ci sarà una sola carica positiva. In questi casi la bassa costante dielettrica non ha un effetto indesiderato sulla reazione di dissociazione. Infatti, è la bassa costante di auto dissociazione del solvente ad avere la meglio in questi casi, l'ammonio può essere titolato accuratamente con una base forte in etanolo piuttosto che in acqua.

PREPARAZIONE DI UNA SOLUZIONE 0.1 N DI ACIDO PERCLORICO

Si prelevano 2.14 mL di acido perclorico concentrato con una pipetta graduata e si trasferiscono in un pallone tarato da 250 mL contenente 200mL di acido acetico glaciale. Dopo mescolamento si aggiungono 10 mL di anidride acetica e si porta a volume con acido acetico glaciale, lasciando successivamente riposare per 24 h.

Si pesa esattamente una quantità di ftalato acido di potassio (PM = 204.2) tale da essere titolato da un volume di acido perclorico compreso tra 20 e 24 mL e si trasferisce quantitativamente in una beuta con tappo a smeriglio con acido acetico glaciale fino ad ottenere circa 50 mL di soluzione, si aggiungono tre gocce di cristal violetto e si titola con la soluzione di acido perclorico preparata fino a viraggio dal blu al verde-azzurro.

DETERMINAZIONE DEL PUNTO FINALE DI TITOLAZIONE

Indicatori cromatici:

Non si è riusciti ancora a decifrare esattamente il comportamento degli indicatori in ambiente non acquoso, una volta noto il comportamento in acqua, la scelta dipende quindi da osservazioni sperimentali.

Cristalvioletto:

Si usa nella determinazione di sostanze basiche e loro sali, viene impiegato allo 0.5% m/v in acido acetico.

Metilvioletto:

Una miscela di fucsine variamente metilate, si usa nelle titolazioni di acidi o basi allo 0.2% m/v in clorobenzene oppure all'1% in etanolo o acido acetico.

Fenilftaleina:

Si usa nelle titolazioni di acidi allo 0.2% m/v in metanolo

Metodi potenziometrici:

Vengono utilizzati quando ci sono problemi nel rilevare la colorazione della soluzione, questo può avvenire in soluzioni molto colorate. Come solvente si è usata la piridina (per titolare composti fenolici con formula simile all'1-8 diossiantrachinone) e come rilevatori del punto di equivalenza una coppia di elettrodi vetro-antimonio.

ARGENTOMETRIA (metodi argento metrici)

Questa è una tecnica molto antica usata fin dagli inizi dell'800'.

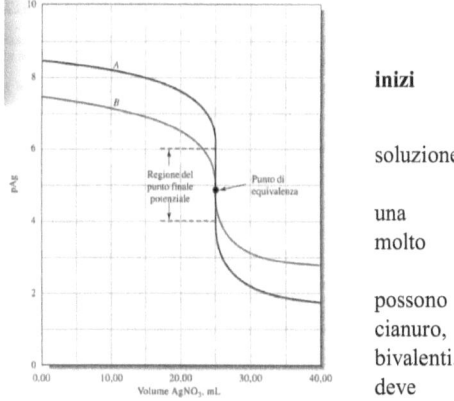

In questo tipo ti titolazioni viene utilizzata una soluzione di **AgNO₃** come agente titolante che provoca la precipitazione di sali poco solubili, si tratta quindi di una titolazione di precipitazione. Il nitrato di argento è molto utile poiché forma sali insolubili attraverso reazioni esattamente stechiometriche. Con questo metodo si possono determinare alogenuri, anioni come l'isotiocianato, cianuro, mercaptani, cianato, acidi grassi e anioni inorganici bivalenti. Tutte le reazioni devono essere quantitative, veloci e deve essere individuabile il punto finale.

Anche le reazioni di precipitazione possono essere rappresentate tramite curve di titolazione. Dalla costante di formazione del sale si può ricavare la K_{ps} di precipitazione. Nel grafico le concentrazioni degli ioni vengono indicate sotto forma di valori logaritmici in particolare il pAg o -log [].

Negli esercizi e nella pratica vanno effettuati tre tipi di calcoli (come avviene anche per ogni altro tipo di titolazione): prima del punto di equivalenza, al punto di equivalenza e post equivalenza.

Più il K_{ps} ha un valore piccolo e maggiore è l'evidenza della precipitazione che sarà maggiormente spostata a destra a causa della minore solubiltità del sale formatosi.

METODO DI MOHR(diretto)

Si usa una soluzione standard di nitrato di aregento, è un metodo diretto utile per la determinazione di Cl e Br il pH tamponato è composto da bicarbonato, quidi ambiente intorno a 6.5 e 9 (in ambiente acido si forma il dicromato di colore arancione e solubile mentre in ambiente basico precipita l'argento).

L'indicatore è il cromato di potassio che assume un colore rosso mattone quando lega l'argento.

Per vedere a quale concentrazione deve essere presente il cromato affinche precipiti e colori la soluzione fungendo da indicatore si determina il punto di equivalenza del cloruro, facendo la radice quadrata della costante di precipitazione del sodio cloruro; ottenuto il valore si può dedurre la concetrazione di cromato che precipita come cromato di argento dopo la completa precipitazione di argento cloruro sostituendo la concentrazione di $[Ag+]^2$ presente nella formula (costante di precipitazione del cromato di argento), con la concentrazione del cloruro al punto di equivalenza ottenuta.

Nel caso in cui la concentrazione di cromato sia circa 0,01M deve essere considerata troppo elevata questo perche il cromato di potassio aggiunto impartirebbe alla soluzione una colorazione gialla troppo intensa, che potrebbe mascherare parzialmente la colorazione rosso arancio del precipitato di argento cromato.

Si prepara quindi una soluzione iniziale di circa 0.001 M che rappresenta un buon compromesso apportando un errore di circa lo 0.1% per soluzioni 0.1 M di NaCl. L'errore diventerebbe circa l'1% per soluzioni di NaCl 1M.

L'errore cresce all'aumenare della diluizione, perciò nella determinazione di soluzioni diluite si deve fare una prova in bianco dell'indicatore e sottrarlo alla quantità di titolante usata. Si usa a questo scopo una sospensione di carbonato di calcio + 1-2 ml di cromato di potassio al 5% m/v, titolando con lo stesso argento nitrato impiegato nell'analisi dell'alogenuro, viene quindi ricavato il volume necessario di reattivo per ottenere lo stesso colore di viraggio sottraendo il volume ricavato dal bianco a quello di nitrato di argento utilizzato nell'analisi.

Gli ione tiocianuro e lo ione ioduro non possono essere titolati poiché provocherebbero degli errori nella misurazione a causa dell'adsorbimento sul precipitato che si formerebbe; in oltre ioni che danno precipitati con l'argento come gli **arsenati, ossalati e fosfati** devono essere assenti. Questo metodo sfrutta la procedura della precipitazione frazionata, dopo la precipitazione di tutto il sale più insolubile (ad esempio il cloruro) incomincia a precipitare anche l'argento cromato con colore rosso mattone. Quando appare questa colorazione abbiamo raggiunto il punto equivalente.

Utilizzando una soluzione di cromato di potassio più diluita (per ovviare all'interferenza con la colorazione del precipitato che renderebbe difficile l'identificazione del punto equivalente) bisogna aggiungere più argento affinche il K di precipitazione venga superato.

METODO DI VOLHARD(indiretto)

Questo è un metodo indiretto che sfrutta un eccesso noto di argento nitrato soluzione standard e una titolazione di ritorno con **KCNS o NH$_4$CNS**. Questo metodo è il più utilizzato e si può impiegare per titolare gli alogenuri, infatti è indispensabile per la determinazione di tiocianato e ioduro; precipitati come cloruro di argento e tiocianato di argento.

L'ambiente deve essere acido per evitare la precipitazione di argento idrossido e mantenere il ferro sotto la sua forma ossidata Fe trivalente.

L'indicatore utilizzato è **l'allume ferrico NH$_4$Fe (SO$_4$)$_2$** che in ambiente acido libera lo ione ferrico che reagisce con lo ione tiocianato dando il tiocianato di ferro (III) di colore rosso intenso. La retro-titolazione avviene in presenza del precipitato di cloruro di argento.

Il cloruro di argento è più solubile del tiocianato di argento, quindi durante la retro-titolazione il tiocianato essendo meno solubile spiazza il cloruro che è precipitato e questo porta ad un errore di misurazione della quantità del precipitato di cloruro di argento.

Quindi solo in caso del cloruro si procede con la filtrazione del precipitato di cloruro di argento e con la titolazione del precipitato e delle acque di lavaggio. Altrimenti si può portare all'ebollizione la soluzione al fine di permettere la coagulazione del precipitato di cloruro di argento.

Un'altra soluzione consiste nell'aggiungere piccole quantità di **dibutile ftalato, etere o nitrobenzene** per isolare la fase precipitata dalla soluzione contenente l'argento in eccesso da titolare. L'isolamento non è necessario per il bromuro o lo ioduro. Nel caso di una titolazione dello ione ioduro, l'allume ferrico va aggiunto dopo la precipitazione del bromuro di argento per evitare la riduzione dello ione ferrico a ferroso.

METODO DI FAJANS(diretto)

Introdotto in tempi più recenti nella prima metà del novecento. Vengono utilizzati degli indicatori di adsorbimento, in soluzione hanno un colore mentre qundo vengono adsorbiti sulla superfice del precipitato assumono una colorazione differtete. Questi devono avere una carica opposta rispetto al titolante, l'indicatore deve essere fissato al titolante in modo che la variazione cromatica si verifichi immediatamente dopo il punto stechiometrico; in fine l'indicatore non deve essere legato troppo tenacemente al precipitato perché deve fungere da ione di bilanciamento e non essere fissato in adsorbimento primario. Il principio si basa sul fatto che gli ioni in eccesso in comune con il precipitato si adsorbono sulla superfcie del precipitato stesso in grandi quantità, Fajans osservo che alcuni coloranti organici potevano legarsi a questi ioni adsorbiti sulla superfice ed originare un composto con colorazione differente dall'originaria (adsorbimento secondario) .

Uno degli indicatori più utilizzati è lo ione **fluorescinato** che impartisce alla soluzione una colorazione giallo verdina, una volta formatosi il peìrecipitato di argento cloruro gli ioni cloruri vanno in adsorbimento primario (se è lo ione in eccesso appartenete al reticolo cristallino del precipitato), superato il punto equivalente il caitione Ag andrà in adsorbimento primario. Qualora sia presente lo ione fluorescinato andrà ad adsorbirsi per **adsorbimento secondario** legandosi al catione argento in eccesso sulla superfice del precipitato e vairando la propria colorazione dal giallo- verde al rosa.

Il precipitato deve essere fortemente disperso per questo si aggiungono sostanze come la destrina (colloide protettore) per stabilizzare la sospensione colloidale e garantire un adsorbimento uniforme e facilmente riconoscibile al punto equivalente. Il pH deve essere compreso tra 7 e 10 durante la titolazione, questo perché lo ione fluorescionato è quello che rende possibile l'identificazione del punto finale quando è adsorbito sulla superfice del precipitato, essendo una acido debole ad un pH acido sarebbe in forma indissociata. **L'eosina (tetrabromuro fluorescina)** è un altro indicatore che può essere utilizzato per la titolazione dei bromuri o ioduri in soluzioni con pH maggiori di 2, ma non è impiegabbile per la titolazione di cloruri. La **dicloro fuorescina** viene impiegata nella titolazione dei cloruri in soluzioni in cui il pH è uguale o maggiore di 4.

SOLUZIONE STANDARD DI AgNO$_3$

Il nitrato di argento è ottenibile allo stato puro, se mal conservato possono formarsi impurità di argento metallico; è comunque preferibile preparare una soluzione a titolazione approsimativa e poi retrotitolarla.

Come rpeparare una soluzione standard 0.1 M :

Per pesata esatta, basta pesare 1.7 g di nitrato di argento con precisione e portare a volume all'interno di un matraccio tarato da 100ml; bisogna accertarsi che la soluzione sia omogenea e conservare a riparo dalla luce.

Da soluzione a titolo approssimato (metodo di Mohr) [sostanza madre NaCl]:

1. Pesare 1.7 g di nitrato di argento con precisione e portare a volume all'interno di un recipiente apposito da 100ml

2. Accertarsi che la soluzione sia omogenea e proteggere dalla luce
3. Pesare con precisione 1.46 g circa di NaCl e portare al volume di 250ml in matraccio tarato
4. Accertarsi che la soluzione ottenuta sia omogenea
5. Prelevare con pipetta tarata 20 ml di soluzione NaCl
6. Agigungere alla soluzione 1 ml di cromato di potassio al 5% m/v
7. Riempire e azzerare la buretta con la soluzione di nitrato di argento
8. Aggiungere la soluzione lentamente agitando continuamente
9. Procedere lentamete in prossimità del viraggio poiché la colorazione stenta a scomparire
10. Il viraggio osservato sarà dal bianco-giallastro al rosso-bruno persistente
11. Ripetere la procedura dal putno 5 più volte

SOLUZIONI STANDARD DI TIOCIANATO DI AMMONIO / POTASSIO

Si utilizza allume ferrico come indicatore. Si prepara prima la soluzione a titola approssimativo e poi si standardizza.

DETERMINAZIONE DEL CLORALIO IDRATO (ipnotico sedativo)

Per determinare l'ecceso di idrossido di sodio utilizzato e consumato dal clorario e dal cloroformio si sfrutta il metodo di Mohr per misurare gli ioni cloruri.

Sciogliere 4.0000 g in 10 mL di acqua distillata ed aggiungere 40 mL di NaOH 1 M. Lasciare reagire esattamente per due minuti e titolare con H_2SO_4 0.5 M, usando fenolftaleina come indicatore. Titolare la reazione neutralizzata con nitrato di argento 0.1 M, usando la soluzione di potassio cromato come indicatore. Calcolare i mL di sodio idrossido utilizzati sottraendo dal volume di NaOH 1M aggiunti all'inizio, il volume di acido solforico 0.5 M usati nella prima titolazione e i 2/15 del volume di nitrato di argento 0.1M usati nella seconda titolazione. 1 mL di sodio idrossido 1 M usato è equivalente a 0.1654 g di cloralio idrato.

DETERMINAZIONE DELLA CILCOFOSFAMMIDE

I cloruri liberati vengono determinati con il metodo di Volhard, i cloruri vengono sostituiti da gruppi idrossidi.

In bilancia analitica si pesano esattamente 0.100 g che vengono sciolti in 50 mL di una soluzione di NaOH in glicol etilenico (1gr/L) che viene fatta bollire a ricadere per circa 30 minuti. Dopo il raffreddamento lavare i refrigerante con acqua distillata 25 mL, aggiungere poi 75 mL di isopropanolo, 15 mL di acido nitrico diluito, 10 mL di nitrato di argento 0.1 M e 2.0 mL di soluzione di solfato ferrico ammonico; titolare in fiene con ammonio tiocianato 0.1 M.

1 mL di nitrato di argento 0.1 M corrisponde a 13.05 mg di ciclofosfamide.

DETERMINAZIONE DELL'ARGENTO PROTEINATO (disinfettante della cavità nasale usato nei bambini)

Calcinare 2.000 g fino a distruzione della sostanza organica. Sciogliere il residuo in 10 mL di acido nitrico , scaldare fino ad eliminazione dei vapori nitrosi, diluire a 100 mL con acqua distillata. Aggiungere 2 mL di ferro(III) ammonico solfato. Titolare con ammonio tiocianato 0.1 M fino alla comparsa di un colore giallo-rossastro.

1 ML di ammonio tiocianato equivale a 10,79 mg di Ag.

COMPLESSOMETRIA

Un complesso è valutato come stabile quando la sua costante di instabilità è minore di 10^{-8} , le reazioni utilizzate in questa metodologia devono essere rapide, univoche e i complessi formati devono avevre un'alta K di stabilità.

Non tutte le reazoni che portano alla formazione di complessi posseggono i requisi necessari per la titolazione, ad esempio i complessanti monodentati fromano legami molto deboli. Anche quando questi reagenti possono formare legami stabili la reazione ha una velocità molto bassa; in altri casi la coordianazione ha lugo la formazione di intermedi coesistenti. In questi casi il punto finale non è caratterizzato né da un rapido decremento della concentrazione ionica del metallo, né da un incremento di quella di legante libero.

TITOLAZIONE DEI CIANURI SOLUBILI SECONDO LIEBIG

L'argento in soluzione con lo ione cianuro forma un complesso solubile $Ag(CN)_2^-$ con costante di instabilità pari a circa $1X10^{-19}$ l'argento deriva dall'argento nitrato aggiunto lentamente, quando si raggiunge il primo eccesso di argento si forma un altro composto che questa volta è insolubile e rende la soluzione torbida. Il composto formatosi è $Ag[Ag(CN)_2]$ con costante di stabilità $2,3X10^{-12}$.

TITOLAZIONE IN AMBIENTE AMMONIACALE DEI CIANURI

In ambiente ammoniacale entrambi i complessi formati dall'argento con lo ione cianuro si solubilizzano, in questo caso i reattivi sono il nitrato di argento e lo ioduro di potassio; il primo eccesso di argento precipiterà sotto forma di ioduro di argento.

KI= 0.01M mentre per originare l'ambiente ammoniacale si usa NH_4OH 0,2M.

Queste due titolazioni sono le uniche che sfruttano leganti monodentati, infatti questi reagenti non sono adatti nella maggior parte dei metodi complessometrico.

EDTA

L'acido eitilendiamminico tetracetico forma complessi 1 : 1 con la maggioranza dei metalli, esclusi quelli del primo gruppo. In oltre i complessi formati sono molto stabili e solubili in acqua, hanno elevata costante di formazione.

La molecola contiene sei gruppi donatori di legami, in base al metallo che deve essere titolato si regolerà il pH in modo tale da favorire la prevalenza della presenza dell'EDTA con la valenza necessaria a svolgere la titolazione.

Chelante acido etilendiamino-tetra-acetico (EDTA)

H_4Y

CaY^{2-}

$M^{2+} + Y^{4-} \rightleftarrows MY^{2-}$

$K = [MY^{2-}] / ([M^{2+}][Y^{4-}])$

Può fungere da standard primario dopo essere stato essiccato a 130-145 °C, viene poi disciolto nella minima quantità di base necessaria per la dissoluzione. Il sale sodico diidrato non è una sostanza madre, contiene lo 0,3% di umidità in eccesso rispetto alla quantità stechiometrica, va quindi standardizzato preparando una soluzione a titolo approssimato e poi titolato con soluzione a titolo noto di un metallo (es. Ca) preparata a partire da una sostanza madre, si può utilizzare il carbonato di calcio.

In ambiente acquoso esiste sottoforma di zweiterion con i gruppi amminici carichi positivamente e due gruppi carbossilici deprotonati. Dalle Ka dell'EDTA si nota che per i primi due gruppi carbossilici è considerato un acido abbastanza forte, mentre per le restanti risulta essere un acido debole o debolissimo, quindi per essere utilizzato come una molecola esadentata il pH deve essere molto basico.

L'EDTA reagisce in rapporto stechiometrico con la maggior parte dei metalli e la formazione del legame è molto stabile, questo è reso possibile grazie alla struttura a gabbia che si viene a formare, dove lo ione si trova circondato e chelato dalla molecola di EDTA, isolato dalle molecole di solvente che lo circondano.

L'effettiva disponibilità dei doppietti elettronici dell'EDTA necessari per i legami di coordinazione dipende dal grado di dissociazione dei gruppi acidi e quidi dal pH. Possiamo calcolare il valore di α, intesa come frazione di EDTA in ogni sua forma protonata in funzione del pH. $alfa_0$ corrisponde alla frazione dell'EDTA presente come H_4Y ovvero completamente protonata, fino a raggiungere alfa 4 che corrisponde alla forma esadentata Y^{4-}.

Nelle titolazioni complessiometriche con EDTA si usano indicatori metallocromici, sono acidi poliprotici che complessano il metallo in esame, ad opportuni valori di pH assumono due colorazioni diverse quando sono complessati con il metallo o sono liberi in soluzione. Dato che il titolante usato è l'EDTA il legame che quest'ultimo formerà con lo ione metallico deve essere molto più forte del legame che l'indicatore forma con l'analita altrimenti questo sottrarrebbe il metallo all'EDTA; l' EDTA per spostare efficacemente l'equilibrio di reazione verso destra deve essere circa 10000 volte più forte nel legare lo ione metallico. Quando un indicatore lega fortemente uno ione che non potrà quindi essere titolato dall'EDTA si dice che è "bloccato". Il **nero eriocromo T** ad esempio viene bloccato dal cobalto,nichel, rame, cromo, ferro ed alluminio; per tanto tale indicatore non potrà essere utilizzato per titolare questi metalli.

Tuttavia questo indicatore potrebbe essere utilizzato in una titolazione di ritorno. Ad esempio, si può aggiungere un eccesso di EDTA standard ad una soluzione contenente ioni rame(II). Successivamente si aggiunge l'indicatore e si titola di ritorno l'eccesso di EDTA con una soluzione contente ioni magnesio.

Indicatori metallocromici

Calcon

Viene impiegato nella determinazione chelometrica del calcio riportata in F.U.

Si usa in soluzione acquosa allo 0,1%

METODI DI TITOLAZIONE CHE IMPIEGANO EDTA

Per quanto concerne i metodi di titolazione diretta, l'EDTA viene utilizzato per analizzare la durezza dell'acqua, quindi la concentrazione degli ioni bismuto(III),calcio, magnesio, piombo e zinco.

Per i metodi che sfruttano una retrotitolazione l'EDTA viene utilizzato per l'analisi di alluminio.

La titolazione per spostamento viene adottata per la quantificazione del solfato in soluzione. Ci sono anche metodi che sfruttano una titolazione indiretta.

Il grado di durezza dell'acqua viene misurato analizzando la concentrazione di particolari metalli in soluzione, quindi la soluzione viene portata a pH ideale, si addiziona l'indicatore (eventualemnte anche un agente mascherante o un agente complessante ausiliario, nel caso sia necessario eliminare interferenze da parte di altri cationi. Si titola quindi con EDTA fino a viraggio dell'indicatore che passerà in soluzione.

Le procedure di retrotitolazione sono utilizzate quando non è disponibbile alcun indicatore idoneo, la reazione tra analita ed EDTA è lenta o quando l'analita forma un precipitato al pH richiesto per la sua titolazione. Si procede quindi con l'aggiunta di un eccesso esattamente misurato di EDTA di molarità nota alla soluzione neutra o acida del catione da titolare (a pH alcalino non si può lavorare a causaa della precipitazione dell'idrossido). Quindi la soluzione viene alcalinizzata e si retrotitola l'eccesso di EDTA con una soluzione a titolo noto di un metallo adatto (zinco o magnesio), in presenza di un indicatore NET(Nero eriocromo T).

La titolazione per spostamento si utilizza quando il metallo da titolare non forma legami sufficientemente stabili con l'indicatore (Kinstb Me-Indicatore > 10^{-5}). Alla soluzione del catione da titolare si aggiunge un complesso EDTA metallo (questo complesso deve essere meno stabile di quello tra EDTA e catione da dosare); di solito si utilizza il complesso EDTA-Mg. Quindi nel caso in cui l'analita da titolare sia il bario, che forma un legame più stabile con l'EDTA, un'equivalente quantità di magnesio verrà liberata in soluzione. A questo punto la quantità di magnesio liberata viene titolata con un'altra soluzione standardizzata di EDTA in presenza di un indicatore opportuno.

La titolazione indiretta si adopera quando si vogliono dosare chelometricamente degli anioni, i quali formano sali poco solubili o complessi stabili con cationi titolabili con EDTA. Un esempio di questo tipo è la titolazione del solfato che può essere determinato per precipitazionea pH=1 con bario in eccesso. Il precipitato solfato di bario viene filtrato, lavato e in fine fatto bollire a pH = 10 con eccesso di EDTA, per riportarlo in soluzione come complesso dell'EDTA; in seguito l'eccesso di EDTA viene sottoposto a titolazione di ritorno con magnesio.

In alternativa , un anione può essere precipitato aggiungendo un eccesso di una soluzione a titolo noto di un catione , e si titola poi l'eccesso di catione con EDTA. Un applicazione pratica è quella della titolazione del fosfato; si aggiunge un eccesso noto di magnesio alla soluzione di fosfato a pH alcalino in presenza di ammonio/ammoniaca precipita $MgNH_4PO_46H_2O$, l'eccesso di magnesio viene titolato con EDTA usando NET come indicatore. Per differenza si può calcolare il numero di moli di fosfato precipitati .

SELETTIVITà DELL'EDTA NEI CONFRONTI DEI METTALLI

Complessando molti cationi è necessario regolare il pH per variare il valore di alfa o beta. In questo modo è possibile rendere il chelante selettivo anche in presenza di altri cationi che potrebbero interferire con la titolazione.

Si può variare il valore di beta utilizzando gli agenti mascheranti che formano legami più stabili con i metalli che l'EDTA che andrebbe a complessare. Un agente mascherante molto usato è lo ione cianuro he rende "rinvisibile" all'EDTA molti cationi; altri agenti mascheranti sono i fluoruri (in particolare per alluminio trivalente), ioni idrossido e ione ioduro.

Complessanti ausiliari

Mantengono in soluzione dei metalli che ad un certo pH precipiterebberro formando complessi solubili, rendendo possibile la titolazione con EDTA. Questo complesso deve essere meno stabile di quello che viene a formarsi con l'EDTA. Un esempio può essere la titolazione del piombo a pH 10 in tampone ammoniacale, in presenza di tartarato lo ione viene complessatto e si evita la precipitazione di idrossido di piombo in assenza di EDTA.

Un catione interferente può essere eliminato anche attraverso reazioni di precipitazione, oppure per ossidazione o riduzione.

I calcoli da eseguire al termine di una titolazione sono semplici: si moltiplicano i mL impiegati di EDTA per la sua molarità e per il peso atomico del metallo e si ottengono i mg di metallo contenuti nel campione:

mL EDTA x M x P.A. = mg Metallo

Tenendo presente che in ogni caso 1 molecola di EDTA reagisce con 1 catione.

STANDARDIZZAZIONE DELL'EDTA

Il sale bisodico dell'EDTA non può essere utilizzato come sostanza madre in quanto contiene impurezze e umidità. Si prepara una soluzione a titolo approssimato e si standardizza poi con sostanze madri come carbonato di calcio, ossido di zinco o ossido di mercurio.

La standardizzazione può essere eseguita con metodo diretto in presenza di muresside o calcon, oppure per spostamento utilizzando una soluzione di Mg-EDTA e NET.

Standardizzazione con carbonato di calcio:

Il carbonato di calcio si scioglie con acido cloridrico 2N e si fa bollire per allontanare tutta l'anidride carbonica.

Titolazione per spostamento: si tampona a pH 10 con un tampone ammoniacale (ammoniaca/cloruro di ammonio); si aggiunge 1 mL di soluzione 0,1 M del complesso Mg-EDTA nel caso in cui si voglia titolare il calcio usando il NET come indicatore (viraggio dal rosso-blu).

Metodo diretto: un'altra possibilità è usare la muresside o l'acido calconcarbonico, come indicatori; entrambi complessano il calcio in maniera adeguata a pH 12-13 (si adopera idrossido di sodio per alcalinizzare)

Come preparare una soluzione standard di EDTA in pratica (le soluzioni hanno di solito concentrazioni di 0,1 o 0,01 M)

Da soluzioni a titolo approssimato: Si utilizza il **metodo per spostamento**, indicatore NET e sostanza madre carbonato di calcio.

1. Pesare EDTA sale bisodico biidrato e portare al volume desiderato con acqua in recipiente munito di tappo, accertarsi che la soluzione sia omogenea
2. Pesare con precisione il carbonato di calcio tale da preparare 100 mL di soluzione 0.1 o 0.01 M circa; trasportare il carbonato di calcio in matraccio da 100 mL e aggiungere 10-20 mL di acqua, aggiungere poi goccia a goccia acido cloridrico 6M fino a completa dissoluzione; portare a volume con acqua.
3. Preparare una soluzione di solfato di magnesio eptaidrato al 5% circa e prelevare in beuta da titolazione con pipetta graduato 1-5 mL di soluzione di magnesio
4. Aggiungere con cilindro 15 mL di soluzione tampone ammoniacale a pH 10 ed aggiungere una punta di spatola di NET
5. Aggiungere goccia a goccia EDTA fino a raggiungere il viraggio del NET al blu (forma libera dell'indicatore)
6. Prelevare con pipetta tarata 10 mL di soluzione di calcio e aggiungere in beuta da 250 mL, l'indicatore vira al violetto (NET-Mg^{2+})
7. Azzerare la buretta con la soluzione di EDTA, ed agitare continuamente all'aggiunta di EDTA, procedere lentamente in prossimità del viraggio
8. Viraggio da violetto a blu (indicatore libero); ripetere la procedura dal punto (3)

Da soluzioni a titolo approssimato: **Metodo diretto** (con indicatore calcone e sostanza madre carbonato di calcio)

1. Pesare EDTA sale bisodico biidrato e portare al volume desiderato con acqua in recipiente munito di tappo, accertarsi che la soluzione sia omogenea
2. Pesare con precisione il carbonato di calcio tale da preparare 100 mL di soluzione 0.1 o 0.01 M circa; trasportare il carbonato di calcio in matraccio da 100 mL e aggiungere 10-20 mL di acqua, aggiungere poi goccia a goccia acido cloridrico 6M fino a completa dissoluzione.
3. Prelevare 10 mL di soluzione contenente ioni calcio
4. Aggiungere in beuta da titolazione 1 mL di soluzione di idrossido di sodio 6M

5. Aggiungere una punta di spatola di calcone
9. Azzerare la buretta con la soluzione di EDTA, ed agitare continuamente all'aggiunta di EDTA, procedere lentamente in prossimità del viraggio
6. Viraggio da violetto a blu (indicatore libero).

DOSAGGIO DEL MAGNESIO

Si dosa attraverso titolazione diretta con sodio edetato (EDTA), utilizzando come indicatore il NET, viraggio dal viola al blu.

Metodo utilizzato per il dosaggio di carbonato di magnesio, cloruro di magnesio, idrossido di magnesio, ossido di magnesio, stearato di magnesio e trisilicato di magnesio.

Il magnesio forma con EDTA un complesso ai limiti della titolabilità ($K_{eff.}$ Pari a circa 10^{-8} a pH 10); non è possibile titolare a pH minore di 10 poiché la protonazione di Y^{4-} riduce la stabilità del complesso, mentre a pH maggiore di 12 il magnesio precipita come idrossido di magnesio.

In presenza di ioni bario e stronzio si formano complessi con EDTA con stabilità paragonabile a quella del complesso con il magnesio, per questo motivo vanno allontanati precipitandoli come solfati. Gli ioni ferro (III) e rame vanno invece sequestrati con opportuni agenti complessanti.

DOSAGGIO DEL CALCIO

Si dosa con sodio edetato 0,1M il calcio non può essere determinato con EDTA ad un pH inferiore a 7,5.

Nel caso in cui siano presenti metalli di transizione che hanno maggiore affinità per l'EDTA, questi vanno mascherati o preventivamente allontanati; in caso di presenza di magnesio, questo può essere precipitato a pH 12 aggiungendo idrossido di sodio. Come indicatore si può utilizzare muresside o acido calconcarbonico.

Si possono dosare vari composti contenenti il calcio: carbonato di calcio, cloruro di calcio, calcio glicerofosfato, calcio gluconato, calcio lattato e calcio bifosfato.

DOSAGGIO DELL'ALLUMINIO

Si dosa tramite retrotitolazione con sodio edetato. Si aggiunge un eccesso noto di EDTA, in seguito si tampona a pH 5 con tampone acetato di sodio/acido acetico; l'EDTA in eccesso libero viene retrotitolato con una soluzione di solfato di zinco 0,1M fino a viraggio dell'indicatore.

L'indicatore comunemente utilizzato è il Ditizone che vira dal blu (forma libera) al rosa (forma complessata).

L'alluminio (III) presente negli allumi contiene sempre molta acqua che può causare errori di titolazione. Si preferisce utilizzare un metodo inverso perché anche se il complesso con EDTA è stabile si forma troppo lentamente ed è necessario riscaldare per completare la formazione.

DUREZZA DELL'ACQUA

La durezza dell'acqua indica la presenza di sali di magnesio e calcio. Questi cationi si trovano in soluzione, generalmente come cloruri, solfati ed idrogeno-carbonati.

La quantità di sali di calcio e di magnesio contenuti nell'acqua, conferisce ad essa un complesso di proprietà che si indica con il nome di durezza. L'acqua si dice "molle" quando contiene basse concentrazioni di questi sali, al contrario in caso di grandi quantità di questi sali si definisce dura.

Durezza temporanea:

Viene definita come la durezza che viene rimossa per ebollizione del campione in esame e conseguente precipitazione del carbonato di calcio e magnesio. Infatti, i bicarbonati di questi due metalli sono solubili in acqua a temperatura ambiente mentre precipitano in seguito ad ebollizione liberando anidride carbonica e acqua. Dat che questi carbonati possono essere allontanati per filtrazione, la quantità di idrogeno carbonati di calcio e magnesio costituisce la durezza TEMPORANEA.

Durezza permanente:

I cloruri ed i solfati di questi metalli rimangono in soluzione sia a temperatura ambiente che all'ebollizione. La quantità di questi sali solubili viene definita durezza permanente.

Durezza totale:

Si definisce come la somma della durezza temporanea e permanente. La durezza viene solitamente espressa in mg/L di carbonato di calcio, oppure in termine di gradi francesi (°F). 1 °F = 10 mg/L di calcio e magnesio come carbonati.

In genere, le acque vengono classificate in base alla loro durezza come segue
fino a 7 °F: molto dolci
da 7 °Fa 14 °F: dolci
da 14 °F a 22 °F: mediamente dure
da 22 °F a 32 °F: discretamente dure
da 32 °F a 54 °F: dure
oltre 54 °F: molto dure

La durezza totale può essere distinta in durezza calcica e magnesica (relativamente la concentrazione di ioni calcio e magnesio)

Il piombo, lo zinco e il magnesio possono essere determinati nello stesso campione con EDTA

Si aggiunge alla soluzione del campione un eccesso di ioni cianuro che formano dei complessi stabili con i cationi zinco, questo complesso è più stabile rispetto al complesso con l'EDTA. Rimangano in soluzione piombo e magnesio, una volta raggiunto il punto equivalente si aggiunge il BAL, forma un complesso stabile con il piombo. L'EDTA che viene liberato viene poi titolato con una soluzione standard di ioni magnesio. Infine, lo zinco viene liberato aggiungendo formaldeide, lo zinco viene poi titolato con la soluzione standard di EDTA.

METODI STRUMENTALI

Nei paragrafi precedenti abbiamo trattato i metodi chimici coinvolti nella misurazione quantitativa degli analiti in soluzione (metodi gravimetrici e volumetrici), un'altra classe di metodi molto utilizzata in chimica analitica quantitativa sfrutta principi chimici e fisici.

Agli inizi degli anni 30' i chimici incominciarono a adottare altre metodologie per calcolare le quantità di analita, ad esempio iniziarono a misurare i potenziali elettrodici, la conducibilità, il rapporto massa carica. In oltre i metodi di cromatografia ad alta prestazione iniziarono a sostituire altri meccanismi come la distillazione e l'estrazione, per estrarre composti da miscele composte per poi essere titolate quantitativamente.

Questi metodi vengono raggruppati sotto il nome di "metodi strumentali di analisi", di seguito viene riportata una tabella che riporta gli strumenti analitici utilizzati per registrare un dato segnale fisico correlato con un analita di interesse.

Segnali utilizzati nei metodi strumentali

Segnali	Metodi strumentali
Emissione di radiazioni	Spettroscopia di emissione (raggi X, UV, visibile, di elettroni, Auger); fluorescenza, fosforescenza, e luminescenza (raggi X, UV, e visibile)
Assorbimento di radiazioni	Spettrofotometria e fotometria (raggi X, UV, visibile, IR); spettroscopia fotoacustica; risonanza magnetica nucleare, e spettroscopia di risonanza di spin elettronico
Diffusione di radiazioni	Turbidimetria; nefelometria; spettroscopia Raman
Rifrazione di radiazioni	Rifrattometria; interferometria
Diffrazione di radiazioni	Metodi di diffrazione di raggi X e di elettroni
Rotazione di radiazioni	Polarimetria; dispersione ottica rotatoria; dicroismo circolare
Potenziale elettrico	Potenziometria; cronopotenziometria
Carica elettrica	Coulombometria
Corrente elettrica	Polarografia; amperometria
Resistenza elettrica	Conduttimetria
Rapporto massa/carica	Spettrometria di massa
Velocità di reazione	Metodi cinetici
Proprietà termiche	Conducibilità termica e metodi entalpimetrici
Radioattività	Metodi di attivazione e diluizione isotopica

I metodi strumentali non sono necessariamente più precisi ed accurati dei metodi tradizionali come la gravimetria e la volumetria, infatti questi ultimi in determinate circostanze sono molto più efficienti ed accurati rispetto ai metodi strumentali; inoltre, non si deve pensare che gli apparecchi utilizzati nei metodi strumentali siano sempre più sofisticati di quelli utilizzati nei metodi chimici; infatti nei metodi gravimetrici si fa utilizzo di bilance analitiche molto accurate e anche più sofisticate rispetto ad alcuni strumenti analitici utilizzati nei metodi chimici fisici. I metodi chimici/fisici estrapolano indirettamente la quantità di analita contenuto all'interno di una matrice (o una sua proprietà) in modo indiretto a partire da un segnale emesso da esso.

In chimica analitica i metodi strumentali più utilizzati per ricavare informazioni riguardo le quantità di analita sono elettrochimici come la potenziometria, che ricava informazioni a partire dai potenziali registrati dagli elettrodi; la misura della quantità di corrente condotta all'interno di una cella elettrochimica o la misura della conducibilità elettrica.

Metodo della curva di taratura

1) Si preparano vari campioni contenenti *quantità note* (x^i) di analita nella stessa *matrice* del campione incognito o in una matrice equivalente (variazioni nella composizione della matrice possono portare a inaccuratezza nella misura sperimentale). Questi campioni vengono chiamati *standard*.
2) Si sottopone ciascuno *standard* alla misura strumentale. Per lo standard *i-esimo* si rileverà un segnale S_i con $3 < i < 5$.
3) Si riportano in grafico i punti sperimentali (x_i, S_i).
4) Si applica un metodo statistico (*regressione lineare - metodo dei minimi quadrati*) per determinare la curva che meglio si adatta ai punti sperimentali, ovvero si esegue un *fitting*.
5) Si sottopone il campione incognito alla misura strumentale, rilevando un segnale S_x.
6) Si esegue una *interpolazione* sulla curva di taratura per calcolare il valore di C_x, che corrisponde a S_x.

Ci sono tre fondamentali metodi quantitativi:

- Il metodo della curva di taratura
- Il metodo dell'aggiunta standard
- Il metodo dello standard interno

Tutti i metodi quantitativi si basano su una di queste metodologie, compresa la cromatografia.

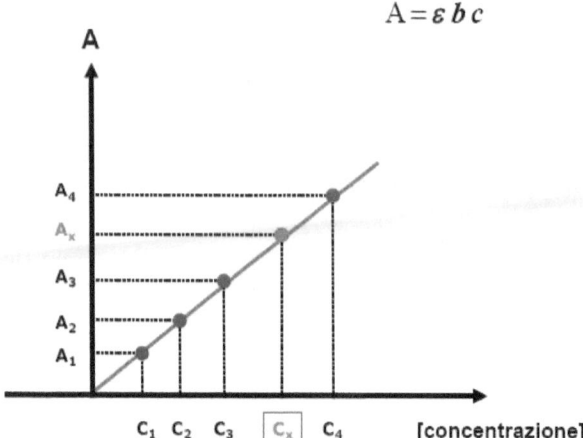

$$A = \varepsilon \, b \, c$$

Il metodo della curva di taratura può essere utilizzato quando si dispone della matrice nella quale è presente l'analita a concentrazioni incognite, in alternativa bisogna essere in grado di affermare che la matrice non ha alcun effetto nella misurazione della concentrazione dell'analita e non interferisce con il metodo analizzato; inoltre, bisogna disporre di quantità adeguate di analita puro per poter progettare la curva di taratura. Infine, è importante notare che la concentrazione dell'analita da analizzare sia in un range compreso dalle quantità standard misurate con le quali è stata costruita la retta di taratura.

L'utilizzo della curva di taratura è molto efficiente a patto che venga costantemente controllata la sua validità con periodiche verifiche di attendibilità, tramite la misura delle concentrazioni di campioni a concentrazione nota.

Metodo delle aggiunte standard

1) Si preparano *n* aliquote uguali dello *stesso* campione incognito.

2) Alle aliquote dalla 2 alla *n* si aggiungono quantità note di analita puro, mentre non si fa alcuna aggiunta all'aliquota 1.

3) Si portano tutte le aliquote allo stesso volume, che può essere uguale a quello iniziale se le aggiunte sono state tali da non modificare significativamente il volume delle aliquote. Si ottengono così *n* standard caratterizzati da una certa *quantità aggiunta* $x^{agg.\,i}$.

4) Si sottopone ciascuno *standard* alla misura strumentale. Per lo standard *i*-esimo si rileverà un segnale S^i.

5) Si riportano in grafico i punti sperimentali ($x^{agg,i}$, S^i).

6) Si applica un metodo statistico (*regressione lineare – metodo dei minimi quadrati*) per determinare la retta che meglio si adatta ai punti sperimentali.

7) Si esegue una *estrapolazione* della retta in modo da determinare l'*ascissa all'origine*. Si ottiene così il valore incognito x^E.

Non sempre è possibile avere a disposizione (o riprodurre) la matrice nella quale si trova l'analita da analizzare, quindi non è possibile riprodurre degli standard a concentrazione nota con i quali costruire una retta di taratura; in questi casi si procede in modo diverso come indicato dalla procedura **"delle aggiunte standard"**.

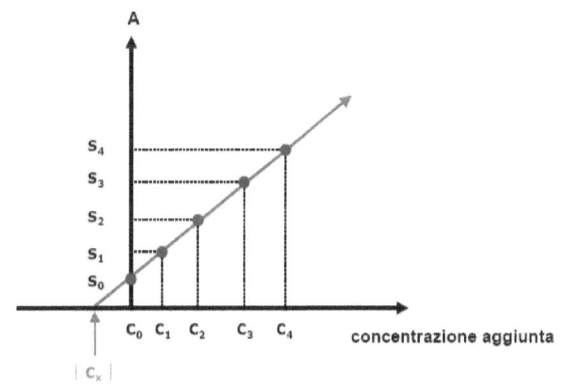

Dal grafico si può notare che la retta non è ad intercetta nulla, la concentrazione C_x ricavata dalla prima misurazione corrisponde al modulo del valore che assume la x quando la retta interseca l'asse X.

Anche in questo caso è necessario disporre di quantità sufficienti di analita da aggiungere alla matrice per poter costruire la retta; il vantaggio principale di questo metodo è la possibilità di misurare la concentrazione dell'analita anche quando non è nota la natura della matrice.

Uno svantaggio è invece l'utilizzo di un metodo che sfrutta una estrapolazione che va ad aggiungere degli errori analitici nella misurazione, rendendo il metodo relativamente meno accurato, comunque molto efficiente ed affidabile.

Metodo dello standard interno

1) Si individua una specie chimica molto simile all'analita per proprietà chimico-fisiche (*standard interno*).

2) Si prepara un campione (*standard 1*) contenente **quantità note** di **analita** e di **standard interno**, indicate con x_A e x_Z rispettivamente.

3) Si sottopone lo *standard 1* alla misura strumentale. Si rileverà un segnale S_Z per lo *standard interno* e un segnale S_A per l'analita. Sarà:

$$S_A : S_Z = x_A : x_Z$$

assumendo che il rivelatore presenti la stessa risposta sia per lo standard interno che per l'analita

Naturalmente per poter sfruttare questo metodo è necessario disporre di uno standard interno molto simile all'analita di interesse. Inoltre, è necessario lavorare all'interno di un intervallo lineare e verificare che il recupero analitico relativo di analita e standard interno sia 100%.

Questo metodo è vantaggioso perché è utilizzabile anche laddove il metodo della curva di taratura darebbe scarsa precisione, in più è utilizzabile anche quando non si dispone dell'analita allo stato puro (necessario nelle altre due metodologie) ma si devono comunque conoscere i fattori di risposta. Infine, il metodo dello standard interno è una procedura più rapida rispetto alle altre.

REAZIONI DI OSSIDO RIDUZIONE

Con il termine ossido riduzione (o redox), si intendono quelle reazioni nelle quali avvengono scambi di elettroni tra un atomo (uno ione, una molecola) ed un altro.

Quindi si ha una riduzione quando un atomo acquista degli elettroni, si ha un'ossidazione quando l'atomo perde degli elettroni. Questi processi di riduzione ed ossidazione sono interdipendenti, devono quindi avvenire contemporaneamente; importante ricordare che le reazioni di ossidoriduzione sono quasi sempre reversibili. In generale non si può classificare una sostanza come riducente o ossidante, questo perché il suo comportamento può variare a seconda delle condizioni sperimentali.

Le forme ossidata e ridotta di una stessa sostanza possono essere considerate interconvertibili e costituiscono una semicoppia coniugata ossidoriduttiva. Una reazione di ossidoriduzione consiste quindi nella combinazione di due semicoppie ognuna delle quali partecipa ad una semireazione.

Se si immerge una lamina di zinco all'interno di una soluzione di solfato di rame, lo zinco lentamente si consumerà dissolvendosi sottoforma di Zn^{2+} mentre il rame lentamente precipiterà sottoforma di rame metallico.

Se si realizzano due semicoppie e si stabilisce un contatto elettrico mediante un setto poroso (o un ponte salino) ed un filo metallico che unisce i due elettrodi, si realizza una cella elettrochimica (elemento galvanico, pila, coppia) formata da due semicelle. Ad esempio, una lamina di rame immersa in una soluzione di solfato di rame ed una lamina di argento (elettrodo positivo) immersa in una soluzione di nitrato di argento.

L'elettrodo di rame tende ad ossidarsi passando in soluzione e determinando in essa un eccesso di cariche positive rispetto all'elettrodo stesso (anodo polo negativo); nell'altra semicella l'argento tende a ridursi determinando un eccesso di cariche negative nella soluzione rispetto all'elettrodo che vi è immerso (catodo, polo positivo). Questo è il motivo per il quale si viene a formare anche tra i due elettrodi, come tra le due soluzioni, una differenza di potenziale (**ddp**).

La ***differenza di potenziale*** che si sviluppa tra anodo e catodo è un'indicazione della tendenza che il sistema ha a procedere da uno stato di non-equilibrio verso una condizione di equilibrio.

L'entità della differenza di potenziale dipende dalla natura del sistema e dal rapporto tra concentrazione della specie ossidata e della specie ridotta. Dalle concentrazioni delle due sostanze si può ricavare il potenziale di ossidoriduzione del sistema considerato che è esprimibile, per una generica semicoppia, mediante ***l'equazione di Nernst***:

$$E = E° + \frac{RT}{nF} \times \ln \frac{[Ox]}{[Rid]}$$

R= 8,314 JK^{-1}mol^{-1}

T= 298° K (25°C)

F= 96485 Coulombs (la carica di una mole di elettroni)

Dove R rappresenta la costante universale dei gas, T la temperatura in kelvin, F la costante di Faraday, E° potenziale standard ed n il numero di elettroni scambiati dalla sostanza ossidante e riducente.

Di conseguenza passando ai logaritmi in base decimale (ln= 2.303 log$_{10}$) per una temperatura di 25°C si ha:

$$E = E° - \frac{0.05916}{n} \times \log \frac{[C]^c[D]^d}{[A]^a[B]^b}$$

Si definisce come potenziale standard del semielemento il valore del potenziale del semielemento quando la concentrazione dei reagenti e dei prodotti di reazione in soluzione è 1M, la temperatura 298°K ed eventuali specie gassose presenti hanno una pressione di 1 atm e le specie solide sono nella forma più stabile.

I valori dei potenziali standard sono riferiti all'elettrodo standard ad idrogeno, scelto come elettrodo di riferimento, il suo valore è preso per convezione uguale a zero volt alla temperatura standard.

Dato che non si può conoscere il potenziale assoluto di una soluzione contenente una sola semicoppia redox, si ricorre quindi ad una misura relativa di tale potenziale. Si costruisce quindi una pila nella quale la soluzione in questione, contenente una semicoppia coniugata ossidoriduttiva ad attività unitaria, viene associata ad un elettrodo di riferimento a potenziale costante. Il metodo appena descritto porta alla progettazione del cosiddetto **elettrodo standard a idrogeno (SHE)**; quest'ultimo consiste in una lamina di platino, ricoperta sulla superfice da platino spugnoso immersa in una soluzione di HCl 1M (pH=0) nella quale viene fatto gorgogliare idrogeno gassoso alla pressione parziale di 1 atm, alla temperatura standard di 25°C. La reazione coinvolta trasforma $2H^+$ in una molecola di idrogeno gassoso in seguito all'acquisizione di due elettroni.

Per convezione all'elettrodo standard ad idrogeno viene assegnato un valore di 0,000V; in seguito grazie alla misura dei potenziali delle coppie redox, ad attività unitaria e a temperatura standard, rispetto all'elettrodo normale ad idrogeno, è stato possibile riorganizzare in una tabella i potenziali "normali" di ossidoriduzione ($E°$) per tutte le semicoppie.

Analizzando le tabelle dei potenziali relative alle semireazioni, si può intuire che potenziali positivi stanno ad indicare processi di ossidazione nei confronti di semireazioni con potenziali (espressi in V) minori.

Nell'equazione di Nernst le concentrazioni vanno intese come mol/L, per quanto riguarda le concentrazioni di liquidi e solidi puri queste non compaiono nella formula poiché il loro valore è considerato costante; quando si tratta di gas il valore da inserire corrisponde alla sua pressione parziale espressa in atmosfere.

Sfruttando l'equazione di Nernst si può ricavare il valore della costante di equilibrio per una reazione di ossidoriduzione.

All'equilibrio risulterà $E_1=E_2$ e $n_1a=n_2b$, pertanto:

$$E°_1 + \frac{0,059}{n_1b} \log \frac{[Oss_1]^a}{[Rid_1]^a} = E°_2 + \frac{0,059}{n_2b} \log \frac{[Oss_2]^b}{[Rid_2]^b}$$

$$E°_1 - E°_2 = \frac{0,059}{n_2b} \log \frac{[Oss_2]^b[Rid_1]^a}{[Rid_2]^b[Oss_1]^a}$$

$$E°_1 - E°_2 = \frac{0,059}{n_2b} \log Keq$$

$$\log Keq = \frac{(E°_1 - E°_2)n_2b}{0,059} \qquad Keq = 10^{\frac{(E°_1-E°_2)n_2b}{0,059}}$$

Sfruttando questi principi possono essere costruite delle curve di titolazione potenziometrica.

Costruzione della curva di titolazione di 100 mL di solfato ferroso 0.25M con permanganato di potassio 0.1M in acido solforico

Prendiamo come esempio la riduzione del manganese tramite una soluzione di solfato ferroso, per prima cosa bisogna cercare i valori delle due semireazioni dalle tabelle potenziometriche.

La reazione generale della titolazione è la seguente:

$$MnO_4^- + 5Fe^{2+} + 8H^+ \rightarrow 5Fe^{3+} + Mn^{2+} + 4H_2O$$

I potenziali relativi alle singole semireazioni sono invece:

$E° = 1,51$ V per la semireazione del permanganato (da MnO_4^- a Mn^{2+})

$E° = 0.771$ V per la semireazione del ferro (da ione ferrico a ferroso)

Da queste due semireazioni si può dedurre che il manganese nella forma ossidata (permanganato di potassio) verrà ridotto nella sua forma ridotta a causa di un potenziale positivo superiore rispetto alla semireazione del ferro; questo sta ad indicare che gli elettroni saranno ceduti al manganese nella sua semireazione di riduzione mentre la semireazione del ferro procederà nel verso dell'ossidazione dalla forma ridotta (ferrosa) a quella ossidata (ferrica).

Nella costruzione delle curve di titolazione è sempre utile e raccomandato suddividere il problema in tre sezioni, ovvero *prima dell'equivalenza, punto di equivalenza (E°=0) e dopo l'equivalenza.*

Prima dell'equivalenza

Nel punto "0" il potenziale non è definito in quanto in soluzione sono presenti solo ioni ferrosi.

Prima dell'equivalenza il potenziale si calcola sfruttando l'equazione di Nernst applicata alla semicoppia relativa all'analita da titolare che in questo caso è il ferro.

$$E_{Fe^{3+}} = E°_{Fe^{3+}} + 0,059 log \frac{[Fe^{3+}]}{[Fe^{2+}]}$$

1. $VMnO_4^- = 10,00$ mL

$$[Fe^{2+}] = \frac{100 \cdot 0,25 - 5 \cdot (0,1 \cdot 10)}{110} = 0,18 \text{ M}$$

$$[Fe^{3+}] = \frac{5 \cdot (0,1 \cdot 10)}{110} = 0,045 \text{ M}$$

$$E = 0,771 + 0,059 \, Log \frac{0,045}{0,18} = 0,736 \text{ V}$$

2. $VMnO_4^- = 25,00$ mL

$$[Fe^{2+}] = \frac{100 \cdot 0,25 - 5 \cdot (0,1 \cdot 25)}{125} = 0,1 \text{ M}$$

$$[Fe^{3+}] = \frac{5 \cdot (0,1 \cdot 25)}{125} = 0,1 \text{ M}$$

$$E = E° = 0,771 \text{ V}$$

Quando si aggiunge il permanganato questo reagirà quantitativamente con lo ione ferroso che verrà ossidato a ione ferrico, per questo la quantità di ione ferroso in seguito all'aggiunta di 10 mL di permanganato di potassio sarà equivalente alla sua concentrazione iniziale meno la quantità di permanganato aggiunto che ha ossidato il ferro.

Nell'equazione la quantità di permanganato viene moltiplicata per 5, questo deriva dalla semireazione del permanganato che riducendosi richiede 5 elettroni

$$MnO_4^- + 5e^- + 8H^+ \rightarrow Mn^{2+} + 4H_2O$$

Quindi la riduzione di una molecola di permanganato di potassio richiede 5 elettroni che verranno sottratti dalla semireazione dello ione ferroso, quindi 5 ioni ferrosi verranno ossidati a ione ferrico. Per questo motivo bisogna moltiplicare per cinque la quantità di permanganato effettivamente aggiunto per calcolare quante moli effettive di ioni ferrosi rimangono in soluzione.

Punto di equivalenza

Raggiunto il punto di equivalenza, quindi quando tutti gli ioni ferrosi disponibili sono stati ridotti, i due potenziali delle due semireazioni devono essere uguali

Sommando i due potenziali delle semireazioni si ricava la seguente equazione:

$$6E = 0,771 + 5 \times 1,51 - \frac{0.05916}{n} \times \log \frac{[Fe^{3+}][MnO_4^-]}{[Fe^{2+}][Mn^{2+}]}$$

Dato che al punto di equivalenza la concentrazione del permanganato è un quinto rispetto a quella dello ione ferroso, mentre quella del manganese ridotto è pari ad un quinto rispetto allo ione ferrico, l'equazione riportata può essere semplificata. A questo punto il termine logaritmico è pari a zero, risolvendo la semplice equazione si ottiene un valore di E pari a 1,39 V (potenziale al punto equivalente).

Dopo l'equivalenza

Dopo il punto equivalente il potenziale si calcola applicando l'equazione di Nernst alla sostanza utilizzata come titolante.

$$E_{MnO4^-} = E^\circ_{MnO4^-} + \frac{0,059 \log [MnO_4^-]}{5 \quad [Mn^{2+}]}$$

Superato il punto di equivalenza la concentrazione di ione manganese +2 subisce solo un effetto di diluizione dato che non è più presente analita che può cedere elettroni necessari per la riduzione del permanganato; la concentrazione di quest'ultimo invece viene calcolata in base all'eccesso aggiunto.

Il rilevamento del punto finale di titolazione può essere quindi eseguito per via potenziometrica, ovvero monitorando strumentalmente il valore del potenziale in seguito ad aggiunta di titolante, o adoperando indicatori di ossidoriduzione.

Gli indicatori di ossidoriduzione a loro volta possono essere classificati in due generi: gli *indicatori generali di ossidoriduzione* che variano la colorazione in base al potenziale elettrodico (sono molto versatile e spesso sono quelli che vengono più usati); ed *indicatori specifici,* questi sono degli indicatori che reagiscono con gli analiti che si vengono a formare (vengono utilizzati in situazioni particolari).

Riassumendo gli indicatori generali di ossidoriduzione devono variare la loro colorazione in base alla variazione del potenziale e non in seguito all'aumento della concentrazione di un analita, inoltre anche in questo caso la concentrazione di una forma dell'analita rispetto all'altra (che porta un colore a prevalere sull'altro) affinché la variazione del colore sia percepibile all'occhio umano deve essere almeno di due ordini superiore o inferiore.

Da ciò che è stato già detto riguardo la percezione visiva del viraggio dell'indicatore, si può ricavare una formula che permette di determinare l'intervallo di potenziale entro quale le due differenti forme dell'indicatore risultano percepibili all'occhio umano; presupponendo quindi che la frazione all'interno del termine logaritmico sia pari a 10 o 0.1 si può sfruttare la seguente formula:

$$\Delta V = V°_{indicatore} \pm \frac{0,059}{n}$$

L'intervallo di viraggio dell'indicatore è centrato su V° (indicatore = potenziale formale dell'indicatore), dato che per molti indicatori n=2 si ha che l'intervallo di viraggio è pari a circa 60 mV.

Indicatori nella iodimetria e iodometria

La sospensione acquosa di amido viene sfruttata come indicatore di iodio, infatti il β-amilosio forma un complesso con lo iodio dando una colorazione azzurra alla sospensione. La "salda d'amido" si prepara solubilizzando 10 mg amido (privo di α-amilosio) in una capsula con dell'acqua, in seguito la poltiglia viene posta in un contenitore da 1L riempito con acqua bollente. Si lascia raffreddare e si filtra (insieme all'acqua bollente viene aggiunto anche un antifermentativo come lo ioduro di mercurio).

In genere in chimica analitica vengono usati più spesso gli ossidanti; per quanto riguarda l'analita, questo deve trovarsi necessariamente all'interno del campione in un singolo stato di ossidazione.

Qui di seguito segue una lista di sostanze che portano l'analita ad un singolo stato di ossidazione:

Preossidazione	Preriduzione
Persolfati $S_2O_8^{2-}$	**Riduttore di Jones**
I persolfati ossidano: Mn (II) a MnO^{4-} Ce (III) a Ce (IV) Cr (III) a $Cr_2O_7^{2-}$	Zn con $HgCl_2$
	Riduttore di Walden
Bismutato di sodio $NaBiO_3$ **Perossido d'idrogeno**	Ag solido e HCl 1M
Co (II) a Co (III) Fe (II) a Fe (III)	

CERIMETRIA

$$Ce^{4+} + e^- \rightarrow Ce^{3+}$$

La reazione di ossidoriduzione ha differenti potenziali in base alle caratteristiche della soluzione in cui avviene la seguente reazione. In una soluzione 1M di acido perclorico E°=1,7 V, mentre in una soluzione 1M di acido cloridrico E°= 1,23 V.

La cerimetria viene spesso impiegata nella chimica analitica quantitativa, questo perché ha differenti vantaggi. Il suo potere ossidante è comparabile con quello del permanganato, ma al contrario di quest'ultimo è anche resistente alle temperature più alte e concentrazioni di acido cloridrico elevate (non ossida il cloruro a cloro). Inoltre, ha un'unica variazione del numero di ossidazione da quattro a tre (il colore della forma ossidata è gialla mentre quella ridotta è incolore), questo significa che il suo peso molecolare è pari al suo peso in equivalenti. Come standard primario viene utilizzato il nitrato cerico ammonico.

Tra gli svantaggi della cerimetria vi è la variazione del potenziale formale in soluzioni percloriche e nitriche, dove è più elevato rispetto a soluzioni di acido cloridrico e solforico. Il potenziale è indipendente dalla concentrazione di H+ in soluzioni cloridriche, solforiche e nitriche nell'intervallo 1-8M, mentre varia in soluzioni percloriche con un massimo del potenziale alla concentrazione 8M. Infine è necessario lavorare ud un pH inferiore ad 1 perché sopra a questo valore il cerio precipita come sale basico.

Quando si sfrutta la cerimetria viene utilizzato un catalizzatore rappresentato dal tetrossido di osmio, e un indicatore di ossidoriduzione (la ferroina che vira dal rosso intenso quando il ferro è nella sua forma ridotta a blu opaco quando il ferro si trova nella sua forma ossidata).

Controllo del titolo della soluzione cerica

Soluzione standard di Ce^{4+} 0.1 M

Sostanze madri: **esanitrocerato di ammonio** $(NH_4)_2Ce(NO_3)_6$
Sostanze non madri: **solfato cerico** $Ce(SO_4)_2$, $Ce(SO_4)_2.2(NH_4)_2SO_4.2H_2O$ (solfato cerico ammonico)

Controllo del titolo della soluzione Cerica

Sostanza madre: As_2O_3 (pe = pm / 4 = 49.455)

$$As_2O_3 + 2OH^- \rightarrow 2\ AsO_2^- + H_2O$$

$$AsO_2^- + 2Ce^{4+} + 2H_2O \leftrightarrows H_2AsO_4^- + 2Ce^{3+} + 2H^+$$

PERMANGANATOMETRIA

Il permanganato è un forte ossidante, in base al valore di pH può dare tre differenti reazioni di ossidoriduzione.

AMBIENTE ACIDO: molto forte $E° = 1,51$ v

$$MnO_4^- + 8H^+ + 5e^- \longrightarrow Mn^{2+} + 4H_2O \qquad\qquad PE = PM/5$$

AMBIENTE NEUTRO O LEGGERMENTE ALCALINO : più forte $E° = 1,695$ v

$$MnO_4^- + 3e^- \longrightarrow MnO_2\downarrow + 4OH^- \qquad\qquad PE = PM/3$$

FORTEMENTE ALCALINO o NEUTRO IN PRESENZA DI Ba^{++} che precipitano MnO_4^{--} : molto blando $E° = 0,564$ v

$$MnO_4^- + 1e^- \longrightarrow MnO_4^{--} \qquad\qquad PE = PM$$

Viene impiegato maggiormente in ambiente acido per acido solforico, raramente in acido solforico; mentre non viene utilizzato in soluzione con acido nitrico dato che anche questo è ossidante. Anche l'acido cloridrico non è compatibile con il permanganato poiché può ossidare il cloro a cloruro.

Quando si usa il permanganato non è necessario utilizzare un indicatore perché al primo eccesso di permanganato la soluzione si colora di violetto persistente per almeno 30 secondi, per tempi superiori si ha la precipitazione dell'ossido di manganese.

Il punto finale della titolazione con permanganato non è stabile, infatti questo reagisce con gli ioni manganese ridotti presenti in soluzione, la reazione avviene molto lentamente quindi il colore persiste per almeno trenta secondi.

Preparazione e standardizzazione di permanganato di potassio 0,1N

Non è una sostanza madre, si prende il permanganato di potassio e lo si pesa sulla bilancia tecnica (3,2 g); si pone all'interno di una beuta da 1500 mL aggiungendo 1000 mL di acqua distillata. In seguito, si scalda la soluzione a 60 gradi per 30 minuti e la si lascia riposare per una notte. Il giorno dopo si filtra su lana di vetro per eliminare le impurezze di ossido di manganese, la soluzione rimanente va conservata in contenitore scuro; infatti il permanganato oltre ad ossidare l'acqua in soluzioni neutre o leggermente basiche (quindi a decomporsi), tende anche a decomporsi con l'esposizione alla luce.

La standardizzazione del permanganato si effettua titolando a caldo velocemente fino alla comparsa di una colorazione violetta persistente per almeno 30 secondi, non bisogna scaldare molto altrimenti avviene una decarbossilazione precoce dell'acido ossalico.

- Sostanze madri:
  - $Na_2C_2O_4$; Fe (elettrolitico); $H_2C_2O_4 \cdot 2H_2O$; $FeSO_4$; $(NH_4)_2SO_4 \cdot 6H_2O$; As_2O_3

- Con ossalato sodico:
  - $Na_2C_2O_4$ (pm 134.0 pe = pm/2 = 67.00)

$$2MnO_4^- + 5C_2O_4^{2-} + 16H^+ \rightarrow 2Mn^{2+} + 10CO_2 + 8H_2O$$

oppure

$$2MnO_4^- + 5H_2C_2O_4 + 6H^+ \xrightarrow{\text{max } 60°C} 2Mn^{2+} + 10CO_2 + 8H_2O$$

Di seguito vengono elencati gli step necessari per controllare in pratica la titolazione di una soluzione di permanganato di potassio 0.02M con ossalato di sodio:

1- Pesare con precisione 0.7 g circa di $Na_2C_2O_4$ (pm 134.0) e portare al volume di 100ml in matraccio tarato
2- Accertarsi che la soluzione di $Na_2C_2O_4$ sia omogenea
3- Prelevare in beuta da 250ml con pipetta tarata 10 ml di soluzione di $Na_2C_2O_4$
4- Diluire, acidificare con 10 ml di H_2SO_4(1:4)
5- Riscaldare la soluzione fino a circa 60°
6- Riempire e azzerare la buretta con la soluzione di $KMnO_4$
7- Aggiungere la soluzione di $KMnO_4$ rapidamente agitando (inizialmente la colorazione stenta a scomparire)
8- Procedere lentamente in prossimità del viraggio (la colorazione stenta a scomparire)
9- Viraggio da incolore a rosa persistente per almeno 1/2 minuto.

Applicazioni

Dosaggio del Ca^{2+}: 1° fase) $Ca^{2+} + C_2O_4^{=} \longrightarrow CaC_2O_4 \downarrow$

2°fase) $CaC_2O_4 + 2H^+ \quad Ca^{2+} + H_2C_2O_4$

$$2MnO_4^- + 5H_2C_2O_4 + 6H^+ \xrightarrow{\text{max } 60°C} 2Mn^{2+} + 10CO_2 + 8H_2O$$

Dosaggio del Fe

Se già presente come Fe^{2+} non occorrono accorgimenti particolari

Se deve essere ridotto:

1) Riduzione con SO_2 o H_2S o metalli

2) Riduzione con $SnCl_2$ + soluzione di Zimmerman-Reinhardt

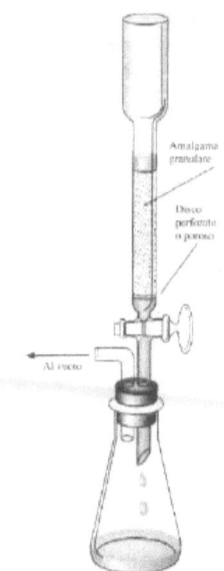

Riduzione con $SnCl_2$ + soluzione di Zimmerman-Reinhardt

(titolazione con $KMnO_4$ in presenza di Cl^-) (50 g $SnCl_2$ in 100 ml HCl conc. diluito a 1000 ml)

L'eccesso di riducente viene poi eliminato con $HgCl_2$

$$2Fe^{3+} + Sn^{2+} + 6Cl^- \longrightarrow SnCl_6^= + Fe^{2+}$$

$$4Cl^- + Sn^{2+} + 2HgCl_2 \longrightarrow SnCl_6^= + Hg_2Cl_2 \downarrow \quad bianco$$

Se si ottiene un $\downarrow$ grigio: eccesso di $SnCl_2$ con formazione di $Hg°$:

$$Hg_2Cl_2 + SnCl_2 \longrightarrow 2Hg + SnCl_4$$

Volume noto di soluzione di Zimmerman-Reinhardt e si titola con $KMnO_4$ 0,1N fino a colore rosa persistente per 30''

La soluzione di Zimmerman-Reinhardt è costituita da 70 g di solfato di manganese (II) tetraidrato in 500 mL di acqua alla quale vengono aggiunti anche 125 mL di acido solforico concentrato e 125 mL di acido fosforico all'85%, per raggiungere un totale di 1000 mL di soluzione di Zimmerman portando a volume con acqua distillata.

L'utilizzo di questa soluzione è fondamentale poiché permette la titolazione dell'analita ridotto (tramite il riduttore di Jones) anche in presenza di ioni cloruro; infatti il cloruro non viene ossidato perché il solfato di manganese aumentando la concentrazione di manganese (II) diminuisce il potere ossidante del sistema.

$$E = E° + \frac{RT}{nF} \times \ln \frac{[Ox]}{[Rid]}$$

In questo caso il Rid è rappresentato dal manganese (II), che aumentando di concentrazione rende il termine logaritmico minore, quindi riduce il potere ossidante del sistema.

L'acido fosforico invece complessa il ferro trivalente presente in soluzione, questo porta a due vantaggi principali, ovvero elimina la colorazione gialla degli ioni ferrici ed incrementa il potere riducente degli ioni ferrosi abbassando il potenziale di ossidoriduzione:

$$E_{Fe^{3+}} = E°_{Fe^{3+}} + 0,059 log \frac{[Fe^{3+}]}{[Fe^{2+}]}$$

In fine la presenza di acido solforico garantisce il mantenimento della condizione acida del sistema.

DOSAGGIO DI H_2O_2

Al 30% p/p (non meno del 29% e non più del 31%) corrisponde a 100 volumi di ossigeno. Mentre acqua ossigenata al 3% (non meno del 2,5% e non più del 3,5%) corrisponde alla presenza di 10 volumi di ossigeno.

Le soluzioni di acqua ossigenata contengono anche una piccola quantità (non più di 0,5 g/L) di stabilizzanti come acido fosforico, solforico, ossalico, EDTA, ossido di silicio e di alluminio, chinina solfato, etanolo, canfora ed urea.

Si titola in presenza di acido solforico diluito (1:5) a freddo con permanganato di potassio 1N, la reazione porta alla formazione di ossigeno molecolare.

$$5H_2O_2 + 2MnO_4^- + 6H^+ \longrightarrow 5 O_2 + Mn_{2+} + 8H_2O$$

Per volumi di ossigeno si intende la quantità di ossigeno sviluppato in condizioni standard (1 atm e 0 gradi centigradi) dalla decomposizione dell'acqua ossigenata. Dalla reazione di decomposizione si sa che 68 grammi di acqua ossigenata liberano 1 mole di ossigeno, che in condizioni normali occupano un volume di 22400 mL.

Avvertenze

- La soluzione di ossalato deve essere titolata immediatamente dopo la dissoluzione del sale
- L'acidità deve essere regolata in modo che essa sia all'incirca 0.5-1 M in H_2SO_4
- Il permanganato va aggiunto rapidamente agitando moderatamente (per evitare perdite di H_2O_2)
- La reazione è lenta a temperatura inferiore ai 50°
- Evitare di superare i 60°C ($H_2C_2O_4 \rightarrow H_2O + CO + CO_2$).
- La reazione è favorita anche dalla presenza di ioni manganosi (catalizzatori).
- La colorazione rosa finale deve persistere almeno 30 secondi; con un tempo più lungo la soluzione ritorna incolore per l'autoriduzione della piccolissima quantità di $KMnO_4$ presente.

IODIMETRIA E IODOMETRIA

$$I_2 + 2e \leftrightarrows 2I^- \qquad E° = 0.536 \ V$$

IODIMETRIA (metodo diretto)

Come titolante viene utilizzato lo iodio molecolare, non essendo solubile in acqua deve essere disciolto in soluzioni di ioduro alcalino (KI), in queste soluzioni lo iodio molecolare si riduce acquistando due elettroni per dare lo ione triioduro (di colore bruno).

Bisogna anche fare attenzione al pH al quale si trova la soluzione di ioduro alcalino, deve essere neutra o leggermente acida, può anche essere leggermente alcalina ma il pH non deve superare il valore 8,5 poiché a pH superiori lo iodio disproporziona. In ambiente troppo acido lo ioduro può essere ossidato dall'aria per dare iodio molecolare.

$$I_2 + NaOH \rightleftharpoons NaI + NaIO + H_2O$$

$$2\,NaIO + NaIO \rightleftharpoons 2NaI + NaIO_3$$

Dato che il tetraioduro è molto volatile, quando si va a pesare sulla bilancia tecnica lo iodio bisogna pesarlo in leggero eccesso e standardizzarlo; inoltre lo iodio va conservato in recipienti che proteggono dalla luce.

Standardizzazione:

La standardizzazione dello iodio viene eseguita con l'ossido di arsenico (III) insolubile in acqua, solubile in soluzione con idrossido di sodio a caldo. Inseguito si procede con l'aggiunta goccia a goccia di acido cloridrico fino al viraggio dell'indicatore fenolftaleina (pH=8, incolore), tamponare con bicarbonato di sodio e titolare in presenza di salda d'amido.

$$As_2O_3 + 2OH^- \longrightarrow 2AsO_2^- + H_2O$$

$$AsO_2^- + I_2 + 2H_2O \rightleftharpoons H_2AsO_4^- + 2I^- + 2H^+$$

La iodometria può essere utilizzata ad esempio per analizzate la quantità di acido ascorbico presente in un campione.

$C_6H_8O_6$ M_r 176.1

DETERMINAZIONE QUANTITATIVA
Disciogliere 0,150 g in una miscela di 10 ml di acido solforico diluito R ed 80 ml di acqua esente da anidride carbonica R. Aggiungere 1 ml di amido soluzione R. Titolare con iodio 0,05 M fino a che compare un colore blu-violetto persistente .
1 ml di iodio 0,05 M equivale a 8,81 mg di $C_6H_8O_6$.

IODOMETRIA METODO INDIRETTO

Il metodo indiretto viene utilizzato per la titolazione di sostanze ossidanti come il permanganato, cromato, bromato, ipoclorito e nitrito; una soluzione di ioduro di un sale alcalino (ad esempio il potassio) in eccesso non misurato reagisce con la sostanza ossidante che trasforma lo ioduro in iodio molecolare per ossidazione (quantità stechiometricamente equivalente all'ossidante). Lo iodio viene poi titolato direttamente con tiosolfato di sodio che reagisce per dare ioduro e tetrationato.

- il pH deve essere neutro o debolmente acido
- $pH > 8\text{-}9 \Rightarrow S_2O_3^{2-} + 4 I_2 + 10 OH^- \leftrightarrows 2 SO_4^{2-} + 8 I^- + 5 H_2O$

- pH acido $\Rightarrow$ dismutazione del tiosolfato e ossidazione dello ioduro
$$S_2O_3^{2-} + H^+ \leftrightarrows HSO_3^- + S$$

$$\overset{+4}{S}O_3^{2-} \rightarrow \overset{+6}{S}O_4^{2-} \Rightarrow HSO_3^- + I_2 + H_2O \leftrightarrows SO_4^{2-} + 2 I^- + 3 H^+$$

$$O_2 + 4I^- + 4H^+ \leftrightarrows 2I_2 + 2H_2O$$

Altra fonte di errore è la forte tensione di vapore di I_2

Di seguito vengono riportati gli step da seguire per controllare (in pratica) la titolazione di una soluzione 0.1 molare di tiosolfato di sodio.

1. Pesare con precisione 0.36 g circa di KIO_3 e portare al volume di 100 ml in matraccio
2. Prelevare in beuta da 250 ml con pipetta tarata 10 ml di soluzione KIO_3
3. Diluire, aggiungere 1g di KI (esente da iodato) e 1-2 ml di HCl conc.
4. La soluzione si colora immediatamente in bruno per la messa in libertà di iodio
5. Titolare con la soluzione 0.1M approssimata di tiosolfato
6. Alla colorazione giallo paglierino, aggiungere 2 ml di salda d'amido
7. Continuare a titolare fino a che una goccia di tiosolfato decolora completamente la soluzione (da azzurra a incolore).

▷ Con soluzione di $KMnO_4$ 0.02 M

$$2MnO_4^- + 10I^- + 16H^+ \rightarrow 2Mn^{2+} + 5I_2 + 8H_2O$$

1. Prelevare in beuta da 250 ml con pipetta tarata 10 ml di permanganato 0.02 M
2. Aggiungere 5 ml di H_2SO_4 1M e 2g di ioduro di potassio, disciolto in 10 ml di acqua
3. Titolare quindi con la soluzione 0.1M approssimata di tiosolfato (come sopra)

BROMOMETRIA E BROMATOMETRIA

La bromometria è poco utilizzata, oltre ad avere una densità molto elevata (superiore a 3), è anche poco maneggevole e tossico.

Invece la bromatometria è più utilizzata, dato che è facile liberare il bromo durante la reazione.

$$5Br^- + BrO_3^- + 6H^+ \leftrightarrows 3Br_2 + 3H_2O \quad (PE=1/6 \ PM)$$

Il BrO_3^- in ambiente acido è un ossidante abbastanza energico, con due prodotti di riduzione differenti.

$$BrO_3^- + 6H^+ + 6e \leftrightarrows Br^- + 3H_2O \qquad E° = 1.44 \ V$$

$$BrO_3^- + 6H^+ + 6e^- \rightleftharpoons Br^- + 3H_2O \quad E°=1.44 \ v$$

$$BrO_3^- + 6H^+ + 5e^- \rightleftharpoons 1/2 \ Br_2 + 3H_2O \quad E°=1.52 \ v$$

$$Br_2 + 2e \leftrightarrows 2Br^- \qquad E° = 1.065 \ V$$

Dai valori di ossidoriduzione delle due reazioni menzionate si può dedurre che una sostanza più riducente dello ione bromuro viene trattato in soluzione acida, il bromo molecolare non si sviluppa fino a che il riducente sia completamente ossidato. Invece in presenza di riducenti meno forti del bromuro, il bromato reagisce per dare il bromo molecolare.

Gli indicatori utilizzabili possono essere reversibili o irreversibili; tra gli indicatori reversibili più usati ci sono il *giallo chinolina, alfa-naftoflavone, p-etossicrisoidina*. Gli indicatori irreversibili sono il metilarancio, rosso metile e nero naftolo (hanno un gruppo N=N al quale si addiziona il bromo molecolare portando una variazione del colore).

Nelle titolazioni dirette il bromato viene aggiunto lentamente per apprezzare il viraggio del colore dell'indicatore; in quelle indirette si usa un eccesso noto di bromato che porta alla formazione di bromuro che a sua volta reagisce ossidando lo ioduro a iodio molecolare, questo infine viene titolato con tiosolfato di sodio.

$$Br_2 + 2KI \rightarrow I_2 + 2KBr \qquad I_2 + 2Na_2S_2O_3 \rightarrow 2I^- + Na_2S_4O_6$$

Il bromato di potassio è una sostanza madre, per le analisi si aggiunge un volume noto di bromato di potassio in beuta, si aggiunge l'analita, bromuro di potassio in eccesso ed acido cloridrico, quindi si titola il bromo molecolare in eccesso come indicato nella retrotitolazione con lo iodio.

Un altro metodo consiste nel porre il bromato di potassio in buretta con analita, acido, bromuro di potassio ed indicatore (reversibile o irreversibile), dopodiché si titola fino al viraggio.

DOSAGGIO DELL'ACQUA DI KARL FISCHER

La reazione di Karl Fischer è una reazione utilizzata per la misura di tracce di acqua nelle sostanze e consiste in una titolazione il cui punto finale è generalmente rilevato automaticamente tramite un elettrodo. È un metodo molto sensibile, capace di rilevare anche poche parti per milione di acqua. La reazione si basa sull'ossidazione dell'anidride solforosa ad opera dello iodio molecolare.

$$I_2 + SO_2 + H_2O \longrightarrow 2HI + H_2SO_4$$

La titolazione viene condotta in un solvente anidro, generalmente metanolo in presenza di una base capace di neutralizzare l'acido solforico prodotta dalla reazione e di creare una soluzione tampone in grado di stabilizzare il pH su valori ottimali per lo svolgersi della reazione (tra 5 e 7); inizialmente la base scelta fu la piridina, oggi sostituita dal meno tossico imidazolo e da altri composti.

In presenza di acqua si rileva la colorazione giallo ambra dovuta all'eccesso di iodio; con precisione superiore il punto finale può essere rilevato con metodi elettrochimici.

Per eseguire questo tipo di titolazione è necessario disporre di un'apparecchiatura perfettamente anidra, questo è possibile utilizzando delle sostanze disidratanti e quando necessario anche gas inerti anidri.

Come tutte le soluzioni dei reattivi utilizzati in chimica analitica, anche il titolo della soluzione di Fischer tende a diminuire con il tempo per contatto con l'umidità atmosferica, per questo deve essere controllato periodicamente. La standardizzazione del reattivo si effettua titolando una soluzione di una quantità pesata con precisione di tartarato di sodio biidrato che contiene il 15,66% in peso di acqua in alcol metilico anidro (cioè a contenuto d'acqua bassissimo e noto con precisione).

I metodi potenziometrici usati in chimica analitica si basano sulla misura del potenziale nelle celle elettrochimiche in assenza di passaggio di corrente. Per più di un secolo questi metodi sono stati utilizzati per verificare i punti finali di titolazione al posto degli indicatori; nei metodi più recenti le concentrazioni degli ioni vengono determinate direttamente dal potenziale degli elettrodi a membrana iono selettivi, questi elettrodi sono relativamente liberi da interferenze, sono degli strumenti efficienti e precisi utilizzati per misurare le concentrazioni di un numero elevato di cationi ed anioni.

La strumentazione richiesta è relativamente economica e consiste in un elettrodo di riferimento, un elettrodo indicatore ed uno strumento per misurare il potenziale. Il potenziale della cella presa in considerazione viene determinato secondo la seguente formula risolutiva:

Ecella = Eind- Erif + Ej

Dove Eind sta per potenziale dell'elettrodo indicatore, Erif per elettrodo di riferimento ed Ej per elettrodo di giunzione,

Il potenziale dell'elettrodo indicatore contiene le informazioni necessarie per determinare la quantità di analita che si vuole conoscere, per convenzione l'elettrodo di riferimento nella potenziometria è l'elettrodo sinistro. Quindi un'analisi potenziometrica consiste nella misurazione del potenziale di cella, la sua correzione per i potenziali di riferimento e di giunzione liquida ed il calcolo della concentrazione dell'analita dal potenziale dell'elettrodo indicatore.

Più precisamente il potenziale di una cella galvanica viene riferita all'attività dell'analita, la concentrazione dell'analita può essere determinata solo attraverso un'opportuna calibrazione del sistema elettrodico con una soluzione a concentrazione nota. In questo contesto l'elettrodo di riferimento è costituito da una semi cella avente un potenziale elettrodico noto e non dipendente dalla concentrazione di analita o altri ioni presenti nella soluzione da esaminare.

L'elettrodo indicatore, immerso nella soluzione con l'analita da misurare, invece è caratterizzato generalmente da alta selettività nei confronti dell'analita ricercato e ha un potenziale che dipende dall'attività della sostanza analizzata.

Il terzo componente necessario nella strumentazione potenziometrica è il ponte salino, questo previene il mescolamento delle sostanze presenti nella soluzione da analizzare con quelle presenti nell'elettrodo di riferimento.

L'aggiunta di un ponte salino determina l'insorgere di un potenziale di giunzione liquida ad entrambe le estremità in contatto con esso (elettrodo indicatore e di riferimento), questi due potenziali che si vanno a formare sono di segno opposto e tendono ad avere lo stesso valore (questo dipende dalla capacità dei singoli ioni a muoversi all'interno della soluzione del ponte salino, il KCl è quello più utilizzato perché gli ioni hanno più o meno la stessa mobilità quindi i potenziali di giunzione tendono ad annullarsi).

Quindi il contributo al potenziale di cella da parte del potenziale di giunzione è molto piccolo (ordine dei millivolt) e talvolta può anche essere ignorato nel calcolo del potenziale di cella, ma altre volte può diminuire la precisione e accuratezza nella misura del potenziale di cella.

La differenza fra la forza elettromotrice E di due semicelle dà luogo alla differenza di potenziale della cella; se una delle due semireazioni è nota ed è mantenuta costante nel tempo è possibile calcolare la concentrazione delle specie presenti dall'altro lato della cella (dove si trova l'elettrodo indicatore). Glie elettrodi che vengono utilizzati in potenziometria si comportano come una cella elettrochimica completa.

ELETTRODO DI RIFERIMETO

Come già menzionato un elettrodo di riferimento ideale deve avere un potenziale noto e costante ed assolutamente indipendente dalla concentrazione di analita da analizzare, inoltre deve essere robusto, di facile assemblaggio ed avere un potenziale stabile anche in caso di conduzione di deboli correnti.

Un elettrodo di riferimento che è già stato trattato è quello ad idrogeno, in realtà questo ha pochi utilizzi per la difficolta di assemblaggio e altre limitazioni pratiche; al suo posto viene utilizzato l'elettrodo a calomelano. Questo è costituito da una semicella contenente mercurio, calomelano e cloruro di potassio.

Le concentrazioni di cloruro di potassio più utilizzate sono 0,1M, 1M e soluzione satura che corrisponde a circa 4,6M. Infatti, l'SCE (elettrodo saturo a calomelano) il più utilizzato è l'elettrodo a calomelano con concentrazione satura di cloruro di potassio per la sua facilità di assemblaggio e praticità (la soluzione interna invece è sempre satura di calomelano, il termine "satura" in questo caso si riferisce al cloruro di potassio).

Un'alternativa all'elettrodo al calomelano è l'elettrodo di argento in soluzione satura di cloruro di argento e cloruro di potassio. La reazione che avviene al suo interno è la riduzione del catione argento ad argento metallico, il potenziale di questa semireazione è 0,199 V.

ELETTRODI INDICATORI

Sono quelli impiegati per la misurazione dell'attività di un analita, un elettrodo indicatore ideale dovrebbe rispondere rapidamente e in modo riproducibile ad ogni variazione di attività dell'analita in esame. In realtà non sempre gli indicatori sono altamente specifici per l'analita, spesso rispondono a variazioni della attività anche di altri analiti e talvolta rispondono solo lentamente; negli ultimi anni sono stati progettati degli elettrodi indicatori abbastanza specifici per gli analiti di interesse.

Gli elettrodi sono classificabili come elettrodi di I°, II° specie, elettrodi di ossidoriduzione ed elettrodi a membrana.

Gli elettrodi di I° specie sono costituiti da un metallo immerso in una soluzione di suoi ioni, la corrispondente reazione elettrodica è la seguente:

$$M^{n+} + ne^- \rightarrow M$$

Gli elettrodi di zinco e di rame usati nella pila Daniel sono elettrodi di prima specie; il potenziale degli elettrodi di prima specie dipende dall'attività del catione del metallo elettrodico. Un elettrodo ad argento può essere utilizzato per misurare il pAg nel corso di una titolazione di precipitazione degli ioni cloruri.

Gli elettrodi di prima specie non vengono molto usati nella potenziometria per varie ragioni, innanzi tutto questi elettrodi non sono molto selettivi per singoli analiti, alcuni metalli devono essere necessariamente utilizzati in soluzioni neutre o basiche altrimenti si dissolvono (Zinco), altri invece dovrebbero essere utilizzati in assenza di aria poiché l'ossigeno atmosferico porterebbe ad ossidazione degli elettrodi che comporterebbero errori nelle misurazioni. Per questi motivi gli unici elettrodi che vengono utilizzati in potenziometria sono quelli ad argento, bismuto, mercurio (soluzioni neutre), tallio, piombo (in soluzioni prive di aria).

Gli elettrodi di seconda specie (detti anche reversibili agli anioni) invece sono costituiti da un metallo ricoperto di un suo sale poco solubile immerso in una soluzione contenente l'anione del sale poco solubile. Esempi relativi a questa specie di elettrodi sono l'elettrodo ad argento ricoperto di cloruro di argento ed immerso in una soluzione di cloruro di potassio; e l'elettrodo a calomelano saturo (SCE) già menzionato precedentemente.

Generalmente gli elettrodi di seconda specie sono utilizzati come elettrodi di riferimento in potenziometria; l'elettrodo al mercurio di seconda specie viene anche utilizzato nella titolazione dell'EDTA. Il potenziale degli elettrodi di seconda specie dipende dalla concentrazione dell'anione del sale poco solubile.

Se si pensa ad un elettrodo di seconda specie come quello ad argento, è facile intuire il motivo per il quale questi elettrodi vengono utilizzati come elettrodi di riferimento in potenziometria; di fatto la concentrazione di cloruro presente all'interno della soluzione in cui è immerso l'elettrodo ricoperto di cloruro di argento rimane costante nel tempo, quindi anche il potenziale dell'elettrodo che è direttamente proporzionale all'attività dell'anione del sale poco solubile è costante (e così rimane a meno che l'elettrodo non venga attraversato da una corrente così intensa da modificare la concentrazione di cloruro).

Gli elettrodi di terza specie invece sono costituiti da un metallo/materiale inerte come l'oro, il platino, il palladio o anche la grafite, ed il loro potenziale dipende solamente dal potenziale delle specie con le quali l'elettrodo è in contatto.

$$E_{ind} = E°_{Ce^{4+}} - 0,059 \, log \frac{Ce^{3+}}{Ce^{4+}}$$

Gli elettrodi a membrana sono invece strutturati in maniera diversa rispetto a quelli già elencati, tra i più utilizzati e conosciuti vi è l'elettrodo a vetro per la misurazione del pH; questi elettrodi sono costituiti da soluzioni a concentrazioni diverse di ioni H+ (prendendo in esame il misuratore pH) separate da una sottilissima membrana di vetro iono selettiva, misurando la differenza di potenziale dei due elettrodi di riferimento si potrà quindi misurare la concentrazione di H+ presente nella soluzione incognita.

All'interno dell'elettrodo a vetro è contenuto un elettrodo di riferimento ad argento di seconda specie immerso in una soluzione di riferimento di HCl 0,1M saturata con KCl; la membrana di vetro separa la soluzione interna con quella esterna incognita. Il circuito viene chiuso da un secondo elettrodo di riferimento a calomelano o ad argento (sempre di seconda specie) immerso nella soluzione a pH incognito tramite un ponte salino.

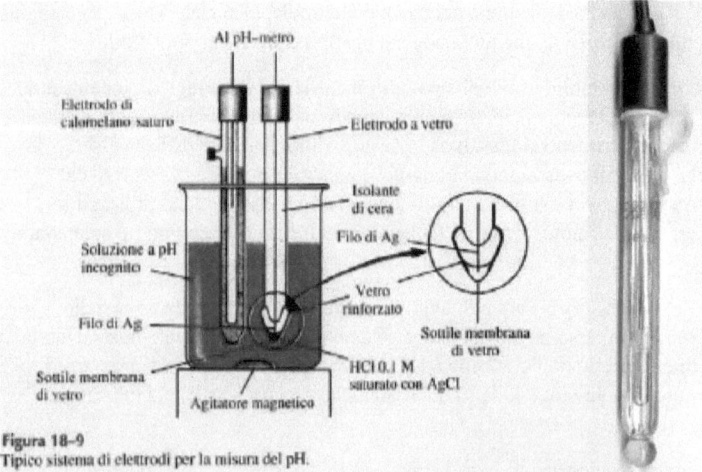

Figura 18-9
Tipico sistema di elettrodi per la misura del pH.

Il secondo elettrodo di riferimento può anche essere contenuto nel corpo dell'elettrodo a vetro in questo caso si ha un elettrodo combinato che rappresenta una vera e propria cella elettrochimica e non un semplice elettrodo.

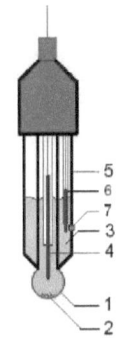

1 – parte sensibile dell'elettrodo, un bulbo fatto di vetro speciale (22% Na_2O, 6% CaO, 72% SiO_2)

2 – A volte l'elettrodo può contenere piccole quantità di $AgCl_{(s)}$ all'interno del bulbo

3 – soluzione interna, di solito 0.1M HCl per elettrodi per misure di pH o 0.1M MeCl per elettrodi per misure di pMe

4 – elettrodo **interno**, di solito elettrodo ad $AgCl_{(sat)}$ o SCE

5 – corpo dell'elettrodo, fatto di vetro non-conduttore o plastica.

6 - elettrodo di **riferimento**, di solito elettrodo ad AgCl(sat) o SCE

7 – giunzione con la soluzione in esame, di solito membrana di ceramica o capillare con fibre di amianto o di quarzo.

In prima approssimazione, V_g, il potenziale dell'elettrodo a vetro (il pedice g deriva dall'inglese *glass*), dipende dalla composizione della membrana stessa (silice contenente percentuali diverse di ossidi di metalli alcalini e alcalino-terrosi) e dal suo stato di idratazione superficiale, oltre che, naturalmente, dall'attività degli ioni idrogeno nella soluzione interna (nota e costante) e nella soluzione incognita, a_{H^+}.

La composizione del vetro Corning 015, largamente usato per membrane da elettrodo a vetro è, all'incirca, la seguente:

Na_2O 22%
CaO   6%
SiO_2 72%

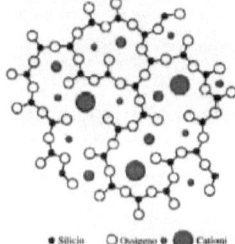

Affinché lo scambio sia possibile, è necessario che le due superfici della membrana siano idratate. L'idratazione avviene mediante reazioni di scambio ionico

● Silicio ○ Ossigeno ◐ ● Cationi

$$H^+_{acq} + Na^+Gl^- = Na^+_{acq} + H^+Gl^-$$

Le superfici della membrana sono quindi costituite da acido silicico.

È stato dimostrato che gli ioni idrogeno non passano la membrana di vetro che separa la soluzione ad attività costante con quella ad attività incognita, il potenziale misurato dall'elettrodo a vetro V_g è quello sviluppato attraverso la membrana vetrosa ed è direttamente proporzionale alla concentrazione degli ioni idrogeno nelle rispettive soluzioni, il lato della membrana che possiede una maggiore concentrazione di ioni idrogeno sarà il lato negativo.

$$V_g = V_e - V_i = 0{,}0592 \cdot log \frac{a_{H^+_i}}{a_{H^+_e}}$$

Dato che l'attività dello ione idrogeno all'interno dell'elettrodo è costante

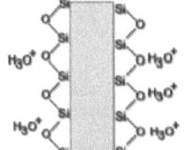

$$V_g = -0{,}0592 \cdot log\, a_{H^+_e} + 0{,}0592 \cdot log\, a_{H^+_i}$$
$$V_g = L' - 0{,}0592 \cdot pH$$

La misurazione del pH con elettrodo a vetro non è priva di errori, tra questi vi sono l'errore alcalino dove l'elettrodo a vetro ordinario diventa sensibile agli ioni di metalli alcalini e da letture basse a pH superiori a 9; l'errore acido dove il valore registrato dall'elettrodo tende ad essere un po' alto rispetto al valore effettivo ad un pH inferiore a 0.5. Anche la disidratazione è una fonte di errore nelle misurazioni di pH con elettrodo a vetro, entrambi i lati della membrana di vetro devono essere idratate altrimenti l'elettrodo non registra le differenze di potenziale o le registra con irregolarità.

Il potenziale di giunzione è un'importante fonte di incertezza che non può essere corretto, questo deriva dalle differenze di composizione tra lo standard e la soluzione incognita. Un'altra comune fonte di errore è la preparazione e conservazione della soluzione tampone standard per calibrare l'elettrodo a vetro per la misura del pH.

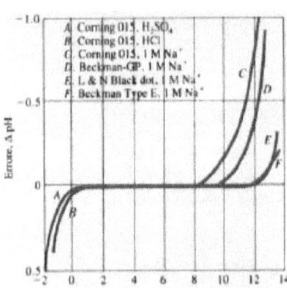

Questo grafico serve a comprendere meglio l'entità dell'errore acido ed alcalino (l'elettrodo a pH elevati diventa sensibile anche ad altri ioni oltre allo ione idrogeno); quest'errore dipende sia dal pH che dalla composizione della membrana di vetro.

Oltre tutto un altro termine che deve essere preso in considerazione nell'espressione per calcolare il pH utilizzando l'elettrodo a vetro è il *coefficiente di selettività*, questo può essere pari a 0 quando l'elettrodo è perfettamente selettivo per uno ione, o essere superiore quando è poco selettivo.

Variando opportunamente la composizione del vetro è possibile rendere la membrana selettiva per altri ioni (sodio, potassio ecc...). Esistono inoltre altri tipi di membrana:

- Membrane a stato solido composte da uno strato uniforme di un'opportuna sostanza solida omogenea (per esempio gli elettrodi a cloruro, bromuro, ioduro e fluoruro)
- Membrana plastica (elettrodi sensibili allo ione calcio e nitrato)
- Membrana per gas, nei quali il gas dissolto in soluzione (ammoniaca, anidride carbonica) diffonde, attraverso una membrana adatta, in un piccolo volume di soluzione tampone specifica portando ad una variazione del pH che viene percepita dall'elettrodo a vetro contenuto all'interno dell'elettrodo a gas.

In commercio sono disponibili elettrodi in grado di misurare le concentrazioni di diversi cationi bivalenti, anioni e specie gassose (ammoniaca, cloro, ossigeno ed anidride carbonica).

Dato che gli elettrodi a vetro e molti altri tipi di elettrodi a membrana presentano una resistenza elettrica molto elevata (compresa tra 10 e 100 MΩ), le misure del pH richiedono dei voltmetri elettronici aventi una resistenza interna particolarmente elevata.

APPLICAZIONI DELLA POTENZIOMETRIA

I principi della potenziometria possono essere sfruttati per misurare direttamente l'attività di numerosi cationi ed anioni, o essere impiegati nelle titolazioni potenziometriche.

Le applicazioni della potenziometria diretta sono molteplici, gli elettrodi a vetro sono uno strumento versatile per la misura diretta del pH nelle condizioni più diverse. Possono essere utilizzati in soluzioni contenenti ossidanti forti, riducenti forti, proteine e gas. Possono essere utilizzati per calcolare il pH in mezzi semisolidi o viscosi; inoltre sono utilizzabili anche come elettrodi specifici per misurare il pH nelle cavità dentali (microelettrodi), interno dello stomaco, interno cellulare, flussi di fluidi correnti (elettrodi robusti).

Recentemente è stato commercializzato un elettrodo per pH a stato solido, i vantaggi di questo nuovo prodotto rispetto all'elettrodo a vetro sono la piccola dimensione, la robustezza, la rapidità di risposta ed una bassa impedenza di uscita.

Le titolazioni potenziometriche sono eseguite misurando il potenziale di un elettrodo reversibile ad un certo analita durante la sua titolazione con un opportuno reagente. Si può quindi costruire direttamente la curva Potenziale/Volume titolante. Questo metodo fornisce dati molto più attendibili rispetto a quelli ricavati per via di indicatori chimici, d'altronde questo metodo è necessario per titolare analiti in soluzioni colorate o torbide; di contro le titolazioni potenziometriche manuali hanno lo svantaggio di essere più lunghe di quelle che coinvolgono gli indicatori chimici. La titolazione potenziometrica è un metodo che può essere facilmente automatizzato.

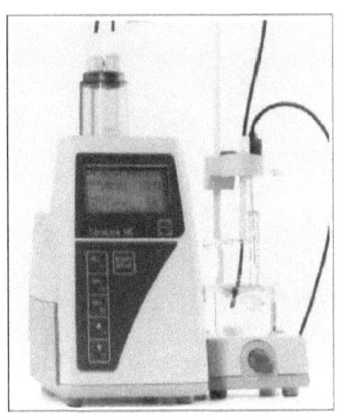

Un titolatore automatico altro non è che una pompa, capace di erogare volumi controllati di liquido (titolante), accoppiata con un voltmetro elettronico che permette di misurare il potenziale di un elettrodo indicatore dopo ogni aggiunta automatica di titolante.

Nel caso di una titolazione acido-base, l'elettrodo indicatore è un normale elettrodo a vetro, per una di precipitazione degli alogenuri si usa un elettrodo ad Ag/AgCl.

I metodi per determinare il punto finale sfruttano il grafico che mette in relazione il potenziale con i volumi di soluzione titolante aggiunta, il metodo più semplice consiste nell'individuare ad occhio il punto finale osservando il grafico semplice (grafico a sinistra); per ottenere stime più precise si possono consultare i grafici in derivata 1° e 2°.

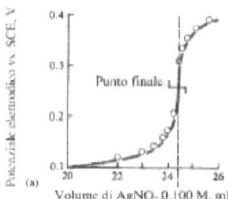
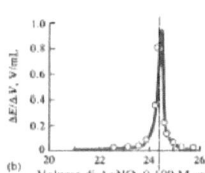
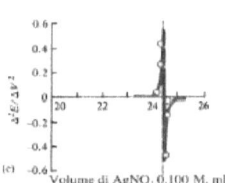

www.ingramcontent.com/pod-product-compliance
Lightning Source LLC
Chambersburg PA
CBHW031503210526
45463CB00003B/1062